팬데믹 시대를
살아갈 10대,　　　어떻게 할까?

인류를 팬데믹으로 몰아넣는
위험 요인에 대한 모든 것

# 팬데믹 시대를
# 살아갈 10대, 어떻게 할까?

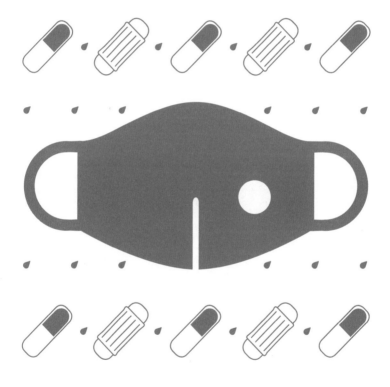

코니 골드스미스 글 | 김아림 옮김 | 곽효길 감수 | 전국과학교사모임 추천

오유아이 oui

# 차 례

# 1장

# 인류가 겪어 온
# 팬데믹

지난 수십 년 동안 새로 생겨난 약 30종류의 질병이 팬데믹으로 바뀔 가능성을 보였다. 이제는 팬데믹이 오느냐 안 오느냐의 문제가 아니다. 그것이 언제 어떤 바이러스로 시작되어 얼마나 심각한 결과를 가져올 것인가의 문제이다.

-래리 브릴리언트(Larry Brilliant), 미국의 공중 보건 전문가, 2017년

여러분은 전 세계에서 가장 위험한 동물이 무엇이라고 생각하는가? 백상아리? 독사? 인간? 다 틀렸다. 믿기지 않을지 모르지만 전 세계에서 가장 위험한 동물은 모기다. 모기는 해마다 72만 5000명의 사람을 죽음에 이르게 하는 직접적인 원인이 된다. 이 숫자는 매년 다른 사람이나 뱀, 상어, 맹수, 곤충 들에 의해 죽은 사람의 수를 전부 합친 것보다 훨씬 많다. 모기는 왜 그렇게 많은 사람을 죽게 할까? 날아다니는 이 질병 공장들은 10여 개의 치명적인 바이러스와 말라리아 병원충을 옮긴다. 이러한 질병은 인류에게 몹시 위험하다.

모기의 투명한 위장 속에 바로 전에 빨아 먹은 피가
보인다. 모기는 사람의 피를 빨아 먹는 과정에서 말라
리아 병원충을 전파하고 지카열, 뎅기열, 치쿤구니야
열을 일으키는 바이러스를 퍼뜨릴 수 있다.

팬데믹pandemic(감염병이 전 세계적으로 크게 유행하는 현상. 또는 그런 질병)은 인류라는 종을 위험에 빠뜨릴 수 있다. 인류의 역사를 보면 팬데믹으로 파국적인 결말을 맞이하는 이야기가 수두룩하다. 14세기에 유행한 페스트는 전 세계 인구의 17% 이상을 죽음으로 몰고 갔다. 오늘날에도 에피데믹epidemic(감염병 유행. 여러 곳에서 동시에 수많은 사람들에게 발생하는 질병) 소식은 전 세계적으로 뉴스에 자주 오르내린다.

1999년에 모기가 유행시킨 웨스트나일 바이러스가 미국에 상륙해 거의 모든 주로 퍼졌다. 2003년에는 전 세계적으로 수천 명이 중증 급성 호흡기 증후군SARS에 감염되어 수백 명이 사망했다. 좀 더 최근에는 에볼라 바이러스와 지카 바이러스가 각각 서아프리카와 라틴아메리카에 수많은 죽음과 비극을 불러일으켰다. 또한 유해 세균, 바이러스, 기생충, 화학 물질에 오염된 식품을 섭취함으로써 매년 약 4800만 명이 식품 매개 질병에 걸리며 그 가운데 수천 명이 사망하는 것으로 추정된다. 그리고 마치 시계처럼 정확하게 해마다 하나 이상의 새로운 독감 변종이 나타나 여기저기 퍼진다.

'노 모어 에피데믹스No More Epidemics(더 이상 감염병 유행은 없다)'는 전 세계인이 감염병 유행과 팬데믹 대비에 힘을 쏟자는 국제적인 캠페인이다. 이 캠페인에 관련된 전문가들은 이전에 팬데믹이 퍼졌을 때의 세계 인구와 감염 속도로 보건대, 앞으로 팬데믹

# 질병을 이르는 용어 바로 알기

질병을 연구하는 과학자들은 어떤 시기에 발생한 특정 질병의 심각한 정도를 다음 네 가지 방식으로 나타낸다.

**집단 발병** – 제한된 한 지역에서 짧은 시간 동안 제한된 사람들에게 어떤 질병이 퍼지는 경우다. 예컨대 2003년에 미국에서 천연두와 먼 친척인 원숭이 두창이 처음으로 나타났다. 병이 퍼지고 2개월 동안 미국 중서부의 6개 주에서 70명 이상이 이 질병에 걸렸다.

**풍토병** – 어떤 지역의 특수한 기후나 토질로 인하여 발생하는 질병으로, 그 지역에 사는 주민들에게 지속적으로 발생한다. 예컨대 말라리아는 콩고민주공화국, 나이지리아, 우간다 같은 아프리카의 여러 국가에서 발생하는 풍토병이다.

**에피데믹**(감염병 유행) – 한 국가나 한 대륙의 여러 지역에 걸쳐 동시에 수많은 사람들이 걸리는 질병을 가리킨다. 과학자들은 2014~2015년에 발생한 에볼라를 에피데믹으로 분류했다. 이 병이 아프리카 서부의 3개국에 걸쳐 수많은 사람들을 감염시켰기 때문이다.

**팬데믹**(감염병 세계적 유행) – 한 대륙을 넘어 전 세계 여러 곳에서 동시에 많은 사람에게 발생하는 병이다. 예를 들어 1918~1919년 전 세계에 걸쳐 수백만 명을 감염시켰던 스페인 독감을 팬데믹이라 할 수 있다.

이 오면 첫해에만 1억 8000만 명에서 3억 6000만 명까지도 죽을 수 있다고 예측했다. 2017년에는 여러 질병 전문가들이 20~30년 안에 팬데믹이 발생할 가능성이 높다고 보았으며, 몇몇은 10~15년 안에도 발생할 수 있다고 내다보았다.

21세기에 들어 신문 머리기사에 오르내렸던 여러 세균과 바이러스가 다음 팬데믹을 일으킬 수 있다. 새로운 질병이 점점 더 흔해지고, 오래된 질병도 다시 발생할 것이다. 이런 모든 질병의 전파는 인간의 활동과 관련이 있다.

## 팬데믹의 역사

팬데믹은 새롭게 나타난 현상이 아니다. 고대 기록에 따르면 과거에도 팬데믹이 여러 번 발생했다. 역사학자들은 천연두와 페스트가 일으킨 팬데믹을 '기록된 최초의 사례'라고 말한다. 천연두는 기원전 약 1만 년에 처음 등장한 이후로 10억 명에 이르는 목숨을 앗아 간 것으로 추산된다. 이 수치는 수세기 전에 천연두를 의학적으로 확실히 진단할 수 있게 된 다음부터 센 것이니 실제로는 더 많을 것이다.

팬데믹은 인류 역사의 흐름을 바꾸어 놓았는데, 특히 다음의 주요한 역사적 팬데믹 세 가지가 그렇다. 바로 페스트, 스페인 독감, 그리고 에이즈[AIDS](후천성 면역 결핍증)다.

## 페스트

14세기 중반에 전 세계 인구는 약 4억 5000만 명이었다. 이때 페스트가 유행해 전 세계 인구의 17% 이상(약 7650만 명)을 죽음에 이르게 했다. 1300년대 초 중앙아시아의 건조한 평원 지대에서 시작된 페스트는 실크로드를 통해 1340년대 말 유럽으로 퍼져 나갔다. 1347년부터 1351년까지 고작 4년 만에 유럽 전체 인구의 3분의 1 내지 2분의 1을 죽음으로 몰아넣었다.

페스트를 일으키는 세균은 페스트균이다. 페스트균은 벼룩의 몸속에 살고 있는데, 벼룩은 쥐를 비롯한 설치류에 붙어살면서 세균을 옮긴다. 이탈리아 상인들이 아시아에서 페스트균에 감염된 쥐를 배에 실은 채 돌아오면서 유럽에 병이 퍼졌다.

배가 부두에 닿자 쥐들은 배에서 항구로 들어가 그들의 몸에 기생하며 피를 빨아 먹는 쥐벼룩을 도시와 마을에 퍼뜨렸다. 벼룩은 이 지역의 쥐를 감염시켰고, 그 쥐들은 사람들과 가까이 살았다. 감염된 벼룩은 쥐와 사람 사이를 왔다 갔다 했으며, 양쪽 모두를 쉽게 감염시켰다.

페스트는 폐와 혈액을 감염시켰지만, 가장 흔하게 감염되는 부위는 림프절이다. 몸 전체에 퍼져 있는 작은 샘인 림프절은 세균을 걸러 내며 면역계의 핵심적인 역할을 담당한다. 페스트균이 림프절을 감염시키면 림프절이 부어올라 멍울이 생기고 피부가 시커멓게 썩어 들어가며 죽는다. '흑사병Black Death'이라는 병명은

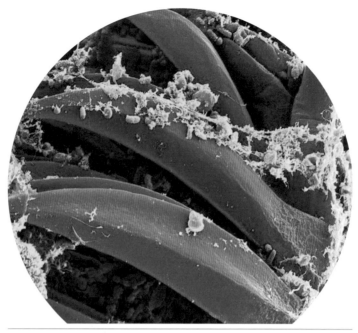

미국 국립알레르기·전염병연구소(NIAID)에서 찍은 페스트균의 디지털 채색 전자 현미경 사진이다. 벼룩의 소화 기관(보라색) 위에 페스트균(노란색)이 있다.

이 때문에 붙여졌다.

　21세기에도 여전히 페스트는 벼룩에게서 설치류로, 설치류에게서 사람으로 퍼졌다. 최근에도 아프리카, 아시아 일부 지역에서 발생 사례가 나오고 있다. 미국에서도 해마다 보통 10명 이하의 사람들이 페스트에 걸린다. 환자들은 대부분 야생 설치류가 서식하는 지역에 사는 사람들이다. 페스트에 감염된 사람들은 거의 항생제 치료로 낫는다.

# 현대 생물 분류 체계와 생물의 이름

그동안 과학자들은 전 세계 과학계의 원칙에 맞게 모든 생물을 하나의 체계 안에서 분류하고 이름을 붙였다. 현대 생물학에서는 기존의 분류 단계에 역(Domain)을 추가하여 '종-속-과-목-강-문-계-역'이라는 8단계 분류법*을 따르고 있다. 최상위 단계인 역에는 세균역, 고세균역, 진핵생물역을 두었고, 진핵생물역에는 원생 생물계, 식물계, 동물계, 균계를 두었다. 모든 세균은 세균역에 들어가며, 하나의 종은 오직 한 종류의 생물만을 지칭한다.

분류학의 아버지 칼 폰 린네(Carl von Linne)는 18세기 초, 라틴어에 바탕을 둔 '이명법'이라는 과학적인 이름 체계를 제안했다. 과학자들은 각각의 유기체에 속명과 종명을 사용해 모든 생물에 간단하고 명료한 이름을 붙인다. 예컨대 페스트균(Yersinia pestis)은 예르시니아속에 들어가며 예르시니아 페스티스라는 종이다.

| 세균(역) |
| 진정 세균(계) |
| 프로테오박테리아(문) |
| 감마프로테오박테리아(강) |
| 장내 세균(목) |
| 예르시니아(과) |
| 예르시니아(속) |

페스트(예르시니아 페스티스)　　　　(종)　　　　전장염(예르시니아 엔테로콜리티카)

---

\* **8단계 분류법**: 미국의 생물학자 칼 우스(Carl R. Woese)가 rRNA의 염기 서열을 분석하여 3역 6계의 분류 체계를 제창하였다. 우리나라의 2015 교육 과정은 '역'이라는 단계를 받아들이기 전이지만, 위키백과 등에는 이미 도입되어 있다. 분류 체계의 변천을 살펴보면 다음과 같다. 2계 분류 체계(18세기 초, 린네) → 3계 분류 체계(19세기 후반, 헤켈) → 5계 분류 체계(20세기 중반, 휘태커) → 3역 6계 분류 체계(20세기 후반, 우스)

### 스페인 독감

20세기에는 스페인 독감이라는 또 다른 팬데믹이 유럽을 덮쳤다. 1918년에서 1919년 사이에 유행한 이 독감은 전 세계 인구의 약 3분의 1을 감염시켰고, 5000만~1억 명의 목숨을 앗아 갔다. 당시는 제1차 세계대전(1914~1918)이 거의 끝나 전 세계적으로 수많은 군인들이 미어터지는 기차와 배를 타고 이동하던 때였다. 독감은 이 군인들을 따라 이동했는데, 재채기와 기침을 하거나 말을 할 때 나오는 비말(작은 침방울)을 통해 공기 중으로 쉽게 전파되었다. 스페인 독감은 14세기 중반에 페스트가 유럽 전역을 휩쓸었을 때보다도 훨씬 많은 사망자를 내, 지금까지도 인류 역사상 최악의 팬데믹으로 불린다.

전쟁을 치르는 동안 프랑스·영국·미국 정부는 군인들이 병에 걸렸다는 기사가 신문에 실리지 않도록 언론을 통제했다. 그 사실이 알려지면 자국 군대가 약해졌음을 적에게 알리는 꼴이 되어 군사적 재앙으로 이어지지 않을까 두려워했기 때문이다. 그러다가 제1차 세계대전에 참전하지 않은 스페인에까지 독감이 퍼질 무렵, 기사 검열을 하지 않았던 스페인 언론에서 이 질병의 심각성을 사실 그대로 보도하기 시작했다. 게다가 스페인 국왕인 알폰소 13세가 독감에 걸려 심하게 앓아눕자 대대적인 보도가 이어졌다. 그렇게 해서 전 세계 사람들이 이 독감이 크게 유행한다는 사실을 처음으로 알게 되었고, 이 병의 발원지가 스페인이 아님에도 병명은 '스페인 독감'이 되었다.

　과학자들은 이 독감이 어디에서 비롯되었는지 거의 한 세기 동안 밝히려 애썼다. 2014년에 출간된 〈내셔널 지오그래픽〉의 한 기사에 따르면, 스페인 독감이 중국에서 유래했음을 시사한 영국과 캐나다의 의료 기록이 있다. 1918년에 영국은 중국인 부대를 꾸려 중국에서 일꾼을 데려오는 한편 영국 군인들을 전쟁터에서 해방시켰다. 이 과정에서 9만 4000명의 중국인 노동자가 유럽으로 실려 왔는데, 역사학자들은 이 일꾼들이 독감도 함께 데려왔을 거라고 추측한다. 캐나다를 거쳐 유럽으로 간 중국인 일꾼 가운데 3000명이 병을 앓았다. 당시 중국인에게 인종 차별적인 태

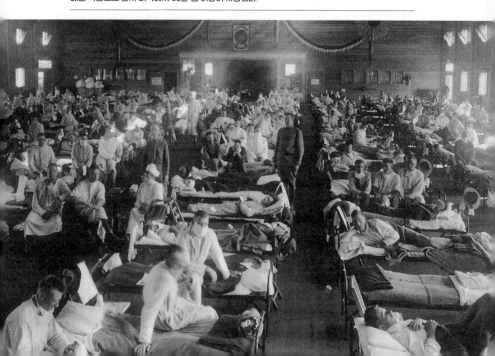

1918년 미국 캔자스주의 한 육군 병동에서 독감 환자들이 치료를 받는 모습이다. 팬데믹으로 번진 스페인 독감으로 당시 미국에서 60만 명 이상이 사망했다.

도를 가진 의사들은 병에 걸린 중국인 일꾼들을 그저 게으르다고만 여기고, 인후염에 피마자유만 처방하여 그대로 돌려보냈다. 1918년 1월에 중국인 노동자들이 영국에 도착했고, 다시 프랑스로 보내졌다. 이들 가운데 수백 명이 프랑스의 한 병원에서 호흡기 질환으로 사망했다.

이 팬데믹은 1919년, 스페인 독감에 감염된 사람들이 죽거나 바이러스에 대한 면역력이 생기고 나서야 끝이 났다. 그 뒤로 여러 독감이 크게 유행했고 다른 감염병이 발생했지만 스페인 독감만큼 치명적인 병은 없었다. 해마다 독감 바이러스는 새로운 변종으로 돌연변이를 일으켜 사람들을 감염시킨다. 그 가운데 어떤 변종은 다른 변종보다 더 치명적이다. 과학자와 의사들은 바이러스 전파 경로 추적과 예방 교육, 백신 접종 등을 통해 계속해서 독감을 억제하고 이에 대응하려 한다. 스페인 독감 이래로 또다른 치명적인 팬데믹이 발생하지 않도록 노력하는 것이다.

## 에이즈

에이즈를 일으키는 인간 면역 결핍 바이러스[HIV]가 처음 발견된 것은 1980년대 초반이었다. 그 뒤로 HIV는 전 세계적으로 7000만 명을 감염시켰고, 3500만 명의 목숨을 앗아 갔다. 유엔 산하의 세계보건기구[WHO]는 전 세계 사람들의 건강 상태를 점검하고 보호하는 역할을 한다. WHO에 따르면 2015년 말 기준으로

미국 국립알레르기·전염병연구소에서 촬영한 현미경 사진으로, HIV(노란색)에 감염되어 붉은색을 띤 세포를 보여 준다. HIV는 면역계를 이루는 세포를 공격해 인체가 더 이상 감염증과 싸우지 못하도록 한다.

HIV에 감염되어 에이즈에 걸린 사람*은 전 세계적으로 3670만 명이며, 그해에 에이즈 관련 질환(감염증이나 암)으로 사망한 사람이 110만 명에 이른다. 아무리 치료법이 발전하고 있어도 이 팬데믹은 여전히 전 세계적으로 심각한 위협으로 남아 있다.

에이즈 연구자들에 따르면 HIV는 처음 알려진 1980년대보

---

* **HIV에 감염되어 에이즈에 걸린 사람**: HIV에 감염된 사람 중에 질병이 나타난 사람을 이른다. HIV에 감염만 되고 질병이 나타나지 않은 사람도 있다.

다 훨씬 이전에 나타났다. HIV가 언제 발생했는지 추적한 결과, 과학자들은 이 치명적인 바이러스가 수십 년 동안 사하라 사막 이남 아프리카에서 돌고 있었다는 증거를 찾아냈다. 이 바이러스는 20세기 초반에 침팬지에게서 인간으로 감염되었는데, 그 장소는 카메룬으로 추정된다. 이렇게 동물에게서 인간으로 옮겨지는 병을 '인수人獸 공통 감염증'이라고 한다.

에이즈는 사냥꾼이 원숭이 면역 결핍 바이러스에 감염된 침팬지를 죽이는 과정에서 바이러스에 감염되었을 것이다. 사냥꾼 몸에 작은 상처라도 있었다면 여기에 침팬지의 피가 튀어 감염이 일어날 수 있다. 인간과 유인원은 생리학적 특성(신체의 작용과 기능)이 비슷하기 때문에, 이 바이러스는 사냥꾼의 몸으로 옮겨 가서 적응하고 HIV가 되었을 것이다. 처음으로 에이즈에 걸렸다고 알려졌거나 그렇게 추정된 이 사냥꾼이 'HIV에 대한 인덱스 환자'이다. 인덱스 환자란 감염 확산의 원인과 과정을 보여 주는 첫 환자를 말한다.

HIV에 감염되고 증상이 나타나기까지는 꽤 오랜 시간이 걸린다. 미국의 과학 저술가 데이비드 쾀멘David Quammen은 과학자들과 함께 HIV의 유전적 기원을 추적했다. 쾀멘은 인덱스 환자에게서 다른 사람들에게로 HIV가 처음 전파되는 과정을 다음과 같이 추측했다. 자신도 모르는 사이 HIV에 감염된 사냥꾼은 자기가 살던 카메룬의 한 마을로 돌아와 결혼한다. 이 사냥꾼은 아직

'세계 에이즈의 날'에 미국 뉴욕에서 한 HIV 예방 전문가가 사람들에게 무료로 HIV 검사를 해 주면서 에이즈에 대한 경각심을 높이는 운동을 펼치고 있다. '세계 에이즈의 날'은 매년 12월 1일로, HIV에 감염 되어 사망한 사람들을 기억하도록 하며, 에이즈에 걸린 채 살아가는 사람들을 지원하고, 이 질병과 맞서 싸우도록 사람들을 일깨우기 위해 지정되었다.

젊은 나이에 코끼리나 사자의 공격을 받아 목숨을 잃는다. 사냥 꾼과 성관계를 통해 HIV에 감염된 아내는 그 뒤에 재혼했다. 그 리고 새 남편과 성관계를 하는 과정에서 HIV를 감염시켰다. 이 여성은 아이를 낳는 과정에서 사망했고, 새 남편은 새 아내를 맞 아 결국 그 여성에게도 감염을 시켰다. HIV를 지닌 어머니에게 서 태어난 아이들도 병에 걸렸을 것이다. 시간이 지나면서 이 병은 마을 사람들에게 퍼졌다. 이 마을 사람들은 물물교환을 하려고 다른 마을에 갔고, 그 과정에서 몇몇은 성관계를 통해 더 많은 사람들에게 HIV를 퍼뜨렸다.

또한 오늘날 몇몇 연구자들은 좋은 뜻으로 벌인 의료 보건 캠페인이 에이즈의 전파에 한몫을 했다고 본다. 유럽 국가들은 20세기 초에 아프리카 일부를 식민지로 삼았고, 1920년대에는 이 식민지에서 발견된 질병을 치료하는 보건 캠페인을 벌였다. 당시에는 주사기를 전부 유리로 만들었는데, 유리 주사기는 비싸고 귀했으며 소독하기 어려웠다. 그래서 의료진들은 사용한 주사기와 바늘을 버리지 않고 반복해서 사용했다. 한 의사는 2년 동안 고작 6개의 주사기로 5000명도 넘는 사람에게 주사했으며, 그 과정에서 소독을 전혀 하지 않았다.

한편 1960년대에는 북아메리카 카리브해에 있는 나라 아이티에 에이즈가 급속도로 퍼졌다. 어떤 과정을 통해 북아메리카의 아이티에 에이즈가 퍼졌을까? 다시 아프리카로 가 보자. 1960년대까지 벨기에가 아프리카의 콩고를 통치했는데, 벨기에 치하에서 콩고 사람들은 교육을 제대로 받지 못해 나중에 독립했을 때 의사와 교사가 부족했다. 그래서 유엔은 그 빈 자리를 메우려고 외국인들을 고용했다. 이때 고용된 교사 가운데 많은 수가 아이티 사람들이었다. 그들 중 한 사람이 콩고에서 HIV에 감염된 채 아이티에 돌아갔을 가능성이 높다. 그 결과 그로부터 10년이 채

안 되어 에이즈는 아이티를 거쳐 미국에까지 퍼졌다.

에이즈는 전 세계 모든 지역에 계속 전파되었다. 하지만 21세기 들어서는 새로운 감염 사례의 3분의 2가 사하라 사막 이남 아프리카에서 나오고 있다. 전문가들에 따르면 가난, 전쟁, 부적절한 의료 행위, 유동성 높은 노동력, 일부다처제, 유전적 특성 같은 여러 요인이 복합적으로 작용하기 때문에 이 지역에서 에이즈의 확산을 통제하기가 어렵다.

## 세균 바로 알기

세균bacteria(단세포 생물)과 바이러스virus(숙주 세포에 기생하는 아주 작은 감염성 입자)는 매우 다양한 질병을 일으킨다. 세균은 콜레라, 라임병, 파상풍을 비롯해 임질과 매독처럼 성관계로 전파되는 병 따위를 일으킨다. 바이러스는 에이즈, 에볼라, 독감, 사스, 지카열 등을 일으킨다. 어떤 세균이나 바이러스가 다음 팬데믹을 일으킬지는 아무도 모른다.

사람의 몸속에는 약 1.4킬로그램의 세균이 있다. 비록 일부 세균이 우리를 병들게 하거나 사망에 이르게까지 하지만, 대부분의 세균은 우리에게 이롭다. 사실 우리 몸은 세균이 필요하다. 사람의 몸속에서는 이로운 세균과 해로운 세균들이 균형을 이루고 있다. 적절한 곳에 적절한 세균을 지니고 있으면 우리는 건강을 유지할 수 있다. 예를 들어 연쇄상구균인 스트렙토코쿠스 비리단스는 콧구멍과 목 안에서 해를 끼치지 않고 살아가며, 그 과정에서 폐렴과 뇌수막염을 일으키는 위험한 세균인 폐렴균을 몰아낸다. 또한 위장 속 세균들은 우리가 음식을 잘 소화하도록 돕는다. 피부에도 여러 종류의 세균이 있어 죽은 피부 세포를 먹어 치운다. 우리와 함께 살아가는 세균들은 면역계를 강화해 해로운 세균이 나타나면 우리 몸이 잘 맞서 싸우도록 해 준다.

세균은 모양에 따라 다섯 가지로 나뉜다. 대부분의 세균은 '편모'라고 하는 꼬리 모양의 세포 기관을 가지고 있어서 혈액이

### 세균의 5가지 형태

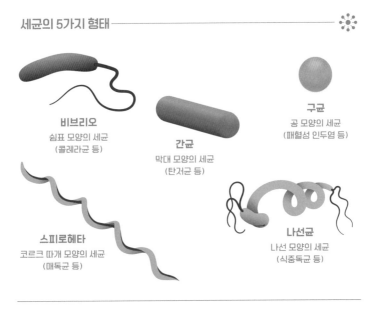

**비브리오**
쉼표 모양의 세균
(콜레라균 등)

**간균**
막대 모양의 세균
(탄저균 등)

**구균**
공 모양의 세균
(패혈성 인두염 등)

**스피로헤타**
코르크 따개 모양의 세균
(매독균 등)

**나선균**
나선 모양의 세균
(식중독균 등)

나 물 같은 액체를 헤치고 앞으로 나아갈 수 있다. 편모는 세균이 영양분을 향해 이동하고 독성 물질을 피하도록 돕는다. 또 많은 세균들은 선모*를 가진다. 작은 털 모양의 선모는 세균이 다른 세포나 사람의 목구멍 안 같은 표면에 달라붙도록 도와준다. 세균이 접합을 할 때 선모를 통해 유전 정보가 옮겨지기도 한다. 이런 과정을 거쳐 정보를 받은 세균은 살

---

***선모:** 원핵세포 바깥에 있는 운동성이 없는 직선 모양의 털. 진핵세포는 운동성 있는 털이 있으며, 이를 '섬모'라 한다.

## 세균의 구조

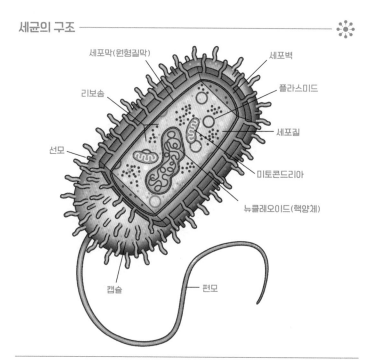

세포막(원형질막)
세포벽
리보솜
플라스미드
세포질
미토콘드리아
뉴클레오이드(핵양체)
선모
캡슐
편모

아남고 번성하도록 유전적 이점을 지닌다.

몇몇 세균은 '캡슐'이라는 끈적끈적한 외부 막을 형성한다. 이 캡슐은 세균이 말라붙거나 죽지 않도록 돕는다. 건강한 인체의 면역계에서는 백혈구가 몸에 들어온 세균을 공격해 죽인다. 하지만 이런 백혈구도 캡슐에 싸인 세균은 죽이지 못한다. 그래서 캡슐을 형성하는 세균은 대부분 인체에 위험한 병을 일으킨다. 또 세균은 내부 구조를 보호하는 세포벽*을 지닌다. 세포벽 안에는 젤리 같은 세포질이 있어 다음과 같은 여러 소기관을 둘러싸고 서로 뭉쳐 있을 수 있게 해 준다.

· **리보솜** 세균을 위해 양분을 만든다. 세포질에서 단백질을 합성하는 역할을 한다.
· **미토콘드리아** 양분을 산화시켜 세균에 에너지를 공급한다.
· **염색체** 데옥시리보 핵산DNA 또는 리보 핵산RNA 같은 유전 정보를 한데 붙들고 있는 구조물이다. 이런 정보는 세균이 번식하는 데 필요하다. DNA와 RNA는 '뉴클레오이드'라고 불리는 세균 세포의 한 구역 안에 자리한다. 세포 안에서 DNA는 어떤 유기체의 모양, 생존, 재생산 같은 것을 통제하는 유전자를 운반한다. 사람의 경우 유전자는 키, 눈동자 색

---

*세포벽: 세균의 세포벽은 펩티도글리칸(탄수화물+단백질)이 주성분이고, 식물의 세포벽은 셀룰로오스(탄수화물)가 주성분이다.

깔을 비롯해 여러 신체적인 특징을 결정한다. 그리고 RNA의 주된 역할은 이런 지시 사항을 DNA에서 세포의 다른 부위로 옮기는 것이다. 화학적으로 RNA는 DNA와 거의 같다. DNA는 RNA에서 산소 하나가 덜 있는 분자이다. 하지만 RNA는 화학적 염기 단위체들이 한 개의 줄(단일 나선)을 이루고 있는 반면 DNA는 두 개의 줄(이중 나선)을 이루고 있다.

· **플라스미드** 몇몇 세균은 세포질 안에 플라스미드라는 둥근 모양의 DNA를 지닌다. 세균은 접합을 통해 다른 세균에게 플라스미드를 전달한다. 플라스미드 속의 유전 정보는 세균이 항생제에 저항성을 갖도록 유전적인 이점을 제공한다.

세균은 두 개의 동일한 세포로 나뉘며 번식한다. 조건이 잘 갖춰지면 20~30분에 한 번씩 분열할 수 있다. 그러면 8시간 만에 하나의 세균이 1677만 7216마리*가 된다! 세균은 이동하고 번식하기 위해 양분이 필요하며, 산소도 필요하다.

## 바이러스 바로 알기

세균은 살아 있는 유기체다. 하지만 바이러스는 다르다. 살아 있

---

*세균이 20분마다 1번씩 분열을 한다고 하면, 1시간에 3번 분열할 수 있다. 8시간이면, 8시간×3회/시간 =24회 분열이 일어난다. 이 경우 1개의 세균은 2의 24제곱 개가 된다. $2^{24}$=1677만 7216이 된다.

지도 않지만 죽었다고도 볼 수 없기 때문이다. 이렇듯 바이러스는 현미경 속 세상의 좀비 같은 존재다. 바이러스는 생명이라고 규정할 만한 활동을 전혀 하지 않는다. 예컨대 스스로 이동하거나 번식하지 않는다. 살아가기 위해 양분이나 산소도 필요하지 않다. 그 대신 살아 있는 숙주 세포(다른 미생물을 기생시켜서 영양을 공급하는 세포)를 필요로 한다.

바이러스는 세균보다 작고 구조적으로도 훨씬 단순하다. 세균은 성능 낮은 현미경으로도 관찰할 수 있지만, 바이러스는 고성능 전자 현미경이 있어야 된다. 바이러스는 '캡시드'라는 단백질 껍질을 가지며, 이 껍질이 한 개나 두 개의 유전 물질을 감싼다. 몇몇 바이러스는 지질(물에 녹지 않는 지방이나 기름 같은 화합물)로 구성된 외부 막을 가진다. 하지만 그것이 전부다. 바이러스는 리보솜도, 뉴클레오이드도, 플라스미드도 갖고 있지 않다.

바이러스는 단독으로 번식할 수 없고, 숙주 세포에 침입해야만 번식할 수 있다. 따라서 바이러스의 단 한 가지 목표는 숙주 세포 안에 들어가서 그 세포를 새로운 바이러스를 생산하는 공장으로 바꾸는 것이다. 바이러스는 세균보다 엄청나게 빠른 속도로 복제되는데, 그 이유는 바이러스가 세균보다 훨씬 단순한 구조로 되어 있기 때문이다. 바이러스가 살아 있는 세포를 공격해 재생산 기관을 마음대로 통제하고 새로운 바이러스를 대량으로 만들어 내는 데는 고작 1분밖에 걸리지 않는다. 그러면 바이러스의 새

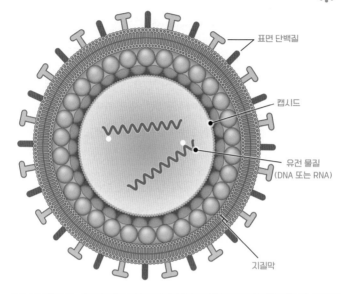

표면 단백질

캡시드

유전 물질
(DNA 또는 RNA)

지질막

바이러스의 막에는 바이러스가 숙주 세포에 달라붙는 데 도움을 주는 표면 단백질이 심겨 있다. 종종 이런 단백질은 바이러스의 겉을 둘러싼 돌기나 혹처럼 보인다.

로운 자손들은 잽싸게 움직여 다른 세포들을 감염시킨다.

복제 속도가 이처럼 빠르다는 것은 바이러스가 돌연변이를 일으키는 속도도 무척 빠르다는 뜻이다. 돌연변이란 유전자를 이루는 염기 서열의 변화로 유전 정보가 변하면서 유전 형질이 달라지는 현상이다. 바이러스는 RNA나 DNA 가운데 하나만 갖는데, 세균처럼 바이러스보다 고등한 생명체가 DNA와 RNA 핵산모두를 갖는 것과는 달리 바이러스는 이들 중 한 가지 핵산만을 갖는다. DNA를 갖는 바이러스(또는 세균)에게서 돌연변이가 일어나면 세포는 보통 복제하기 전에 스스로 수리한다. 그래야 새로 만들어진 세포에 돌연변이가 옮겨지지 않기 때문이다. 하지만 HIV, 에볼라, 독감 바이러스 같은 RNA 한 가닥을 가지고 있는 바이러스들은 크기가 너무 작아서 그런 세포 수리 프로그램을 가질 수 없다. 그렇기 때문에 돌연변이가 RNA 바이러스를 죽이지 않았다면 그것은 다음 세대까지 전해진다. RNA 바이러스가 특히 위험한 이유는 이렇듯 통제되지 않는 돌연변이가 지속적으로 일어나기 때문이다. 몇몇 돌연변이는 바이러스가 환경에 더 잘 적응하게 하거나, 감염된 사람들에게 좀 더 위험한 영향을 끼치게 한다.

## 앞으로 어떻게 될까?

세균이든 바이러스든 대부분의 감염성 질병은 인수 공통 감염증이다. 다시 말해 동물에게서 사람으로 옮겨진다(물론 사람에게서 동물로도 옮겨진다). 이 가운데 거의 절반이 바이러스성 질병이다. 그 밖에 식품 매개 질병이 있다. 식품 매개 질병은 사람의 부주의한 행동으로 인해 몸에 들어온 세균이 일으키는 병이다. 예컨대 생고기나 채소를 비위생적으로 다루면 식품을 오염시킬 수 있다.

과학자들은 다음에는 무엇이 팬데믹을 일으킬지 알 수 없다고 말한다. 어쩌면 현재 세상에 나와 있는 모든 약에 저항성을 보이는 새로운 세균이 팬데믹을 초래할지도 모른다. 아니면 사람들이 전혀 면역성을 갖고 있지 않은, 돌연변이를 일으킨 바이러스일 수도 있다. 과학자들과 유행병학자들이 지금 분명히 말할 수 있는 것은, 사람들의 활동이 질병을 전파하는 데 한몫한다는 점이다. 나날이 늘어나는 비행기 여행, 기후 변화, 동물 서식지의 파괴, 항생제 남용 같은 요인들과 인구 증가 등은 모두 최근에 인수공통 감염증이 증가하는 데 영향을 끼쳤다.

## 새로 출현하거나 다시 출현하는 질병

과학자들은 어떤 질병이 '새로 출현했다'거나 '다시 출현했다'고 표현한다. 새로 출현한 질병들은 일반적으로 사람들이 이전에 노출되지 않았던 병이다. 사스나 독감의 일부 변종이 여기에 해당한다. 아니면 이전에 발생했지만 사람들이 인식하지 못했거나 이름을 붙이지 않았던 질병일 수도 있다. 에볼라 출혈열이나 라임병 또한 새로 출현한 질병이다.

다시 출현하는 질병들은 일단 통제가 되었지만 더 널리 퍼지거나 치료에 저항성을 보이게 된 병들이다. 콜레라나 뎅기열은 계속 전파되는 경우이고, 말라리아나 결핵은 점점 치료가 어렵게 된 경우다.

# 2장

# 비행기 여행의 증가

잠재적
팬데믹

비행기
여행의 증가

24시간도 되지 않아 사스 바이러스는······ 5개국으로 퍼졌다. 그리고 결국 32개국으로 전파되었다. 경이로운 비행기 여행 덕분에 감염된 환자 한 명이 전 세계적인 발병의 씨앗이 되었다.

-소니아 샤(Sonia Shah), 미국의 과학 저술가, 2016년

오늘날 매일 평균적으로 800만 명 넘는 사람이 비행기를 타고 여행한다. 그리고 전문가들은 비행기를 타고 여행하는 사람이 20년 안에 두 배로 불어날 것이라 내다본다. 이 수백만 명이 여행 가방과 수영복, 스노보드만 갖고 이동하지는 않는다. 세균과 바이러스도 함께 실어 나른다. 병원균(질병을 일으키는 미생물)들은 날개나 다리가 달리지 않았기 때문에 혼자서는 여행할 수 없다. 그 대신 히치하이킹을 해서 마지막 목적지에 이른다. 붐비고 환기가 잘되지 않는 비행기를 타고 오랜 시간 여행하는 승객의 몸과 짐에 올라타 이동하는 것이다.

2016년에 9400만 명 이상의 승객을 실어 나른 중국 베이징 서우두 국제공항은 전 세계에서 가장 붐비는 공항 중 하나다. 오늘날 매일 수백만 명이 비행기를 타고 여행하기 때문에, 세균과 바이러스는 더욱 쉽고 빠르게 전 세계로 전파된다.

비행기 여행을 하는 동안 사람들 사이에 밀접한 접촉이 늘어나기 때문에, 다른 사람에게 미생물을 전달할 위험도 높아진다. 또 비행기 여행을 하는 도중에 경유지에 들르는 경우가 많은데, 이렇게 중간에 멈추거나 비행기를 바꿔 탈 때마다 감염이 되고 질병을 전파할 시간이 늘어나는 셈이다. 그만큼 그 여행자가 감염에 노출되거나 감염시킬 수 있는 사람의 수도 증가한다.

여러분이 인천에서 발리로 가는 비행기 중간 열에 앉아 7시간을 간다고 상상해 보자. 그런데 오른쪽 옆자리에 앉은 사람이 감기에 걸려 내내 기침을 하고 있다면 여러분이 감기에 걸릴 확률은 높아진다. 하지만 정말로 무서운 건 여러분 왼쪽에 앉은 사람일지도 모른다. 그 사람은 아무렇지도 않게 앉아 있지만 자기도 모르는 사이 비행기를 타기 전에 위험한 미생물에 감염되었을 수도 있다.

어떤 사람이 미생물에 감염된 시기와 증상이 나타난 시기 사이의 기간을 그 미생물의 '잠복기'라고 한다. 유행병학과 생물통계학을 가르치는 교수이자, 미국 질병통제예방센터에서 출간하는 〈국제 여행을 위한 보건 정보〉의 의학 분야 편집인인 메리 E. 윌슨Mary E. Wilson은 이렇게 말한다. "특히 장거리 항공 운송으로 지리적 장벽이 사라지면서, 오늘날 인류는 사람에게 병을 일으키는 대부분의 미생물 잠복기가 지나기 전에 지구상의 어디든 갈 수 있게 되었습니다." 다시 말해 사람들은 잠복기 동안 자기도 모르는 새에 위험한 감염증을 퍼뜨릴 수 있다.

2009년에 비행기 여행은 H1N1이라 알려진 독감의 새로운 변종인 돼지 독감이 퍼지는 데 기여했다. H1N1은 2009년 3월에 멕시코에서 시작되었는데, 사실 이 시기는 보통 독감 유행이 끝나는 때였다. 독감은 대개 노인에게 더 위험하지만, H1N1은 어린이와 젊은이들을 심하게 공격했다. 한 달이 지나 H1N1은 미국

에 상륙했고, 곧바로 캐나다에 도달했으며, 오래지 않아 세계 74
개국으로 퍼져 나갔다. 2009년 6월 11일, 당시 WHO의 사무총장
마거릿 챈Margaret Chan은 이렇게 말했다. "전 세계는 지금 2009년 독
감이 대유행하는 시작점에 있습니다. (……) 지금껏 어떤 팬데믹
도 이렇게 시작부터 실시간으로 빠르게 진단되거나 가까이에서
관찰된 적이 없습니다."

2009년 10월 24일, 당시 미국 대통령이었던 버락 오바마Barack
Obama는 H1N1으로 국가 비상사태를 선언했다. 하지만 H1N1 백
신이 새로 개발되기까지 오랜 시간이 걸렸고, 그러는 동안 수많
은 사람들이 보호를 받지 못하고 방치되었다. 2009년 4월에서
2010년 4월 사이에 전 세계적으로 대략 6100만 명이 H1N1 독감
증세를 보였다. 전문가들은 H1N1으로 인한 사망자가 전 세계적
으로 28만 4000명에 이를 것이라 추산하는데, 연구자들이 실험
실에서 실제로 확인한 것보다 약 15배나 많은 숫자이다.


## 사스 – 그날 홍콩 메트로폴 호텔에서 무슨 일이?

캐나다에 사는 78세 노인 콴 쑤이추는 자신이 2003년 2월 홍콩
에서 캐나다 토론토의 집으로 돌아오면서 21세기 최초의 새로운
질병을 옮겨 왔으리라고는 꿈에도 생각하지 못했다. 비록 겉으론
별다른 이상이 없었지만 위험한 바이러스 하나가 콴의 폐 깊숙이

숨어들었다. 콴은 남편과 함께 2주 동안 홍콩에 사는 아들을 만나고 돌아오는 길이었다. 두 사람은 토론토로 가는 비행기를 타기 전에 홍콩 메트로폴 호텔에서 하룻밤을 묵었다. 이 호텔은 숙박비가 저렴한 편이라 관광객들이 많이 머무는 곳이었다.

토론토에 돌아온 콴은 가족들과 함께 사는 집으로 갔다. 그리고 이틀이 지나 고열과 근육통, 기침 증세가 나타나기 시작했다. 콴의 주치의는 콴에게 쉬면서 항생제를 복용하도록 했지만 도움이 되지 않았다. 그러다가 며칠 뒤 콴은 숨을 거뒀고, 의사는 심장마비가 온 것이라고 말했다. 그렇지만 사실 콴은 사스SARS(중증 급성 호흡기 증후군)로 사망했다. 사스는 기침과 재채기로, 그리고 오염된 물건을 만지면서 퍼지는 병이었다. 콴은 나머지 가족 가운데 다섯 명을 전염시켰는데, 아직 이 질병에 이름이 붙여지기도 전이었다.

그렇지만 사스가 콴에게서 처음 나타난 것은 아니었다. 이 수수께끼에 싸인 새로운 질병은 인구 1300만 명이 넘는 중국 도시 광저우의 야생 동물 시장에서 동물을 샀던 사람들에게서 처음 발견되었다. 이곳 상인들은 엄청나게 다양한 식용 야생 동물을 갖추고 고객을 위해 그 자리에서 도살했다. 시장 안에는 박쥐, 뱀, 여우, 쥐, 너구리, 족제비오소리, 사향고양이를 마구 집어넣은 우리들이 잔뜩 쌓여 있었다. 이 시장에서 판매되는 동물들은 원래 야생에서는 서로 가까이 서식하지 않았을 것이다. 하지만 이곳에

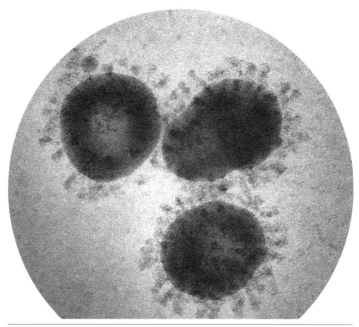

기관지에 감염을 일으키는 코로나 바이러스를 보여 주는 전자 현미경 사진이다. 표면을 둘러싼 돌기 때문에 바이러스는 마치 왕관처럼 보인다.

서는 그럴 수밖에 없었다. 그 결과 사스 바이러스 같은 병원균이 동물에게서 다른 동물로 전파되었고, 다시 사람한테 퍼졌다.

2002년 11월부터 2003년 1월까지 광저우에서는 수십 가지의 질병이 발생했다. 그 가운데 이름도 붙여지지 않은 새로운 질병은 두통과 고열, 심한 기침을 동반하고 폐에서 피 섞인 가래가 나오기도 했다. 심한 경우에 이 질병은 폐를 손상해 몸에 산소가 충분히 전달되지 못하게 만들었다. 처음에 중국 정부는 새로운 질병이 생겼다는 사실을 알아차리지 못했다. 광저우 언론은 집에서 공기 중이나 손이 닿는 물건의 표면에 식초를 뿌려 바이러스를 죽이라고 권했다. 시민들은 너도나도 식초와 독감약, 항생제를 사려고 몰려들었다. 하지만 이런 예방 조치는 도움이 되지 않았다.

2003년 2월 초에 이르러 사스는 광저우에서 300명 이상에게 퍼졌고, 5명을 죽음에 이르게 했다. 마침내 2월 10일, 중국은 WHO에 새로운 질병이 발생했다고 보고했다. 그달 말에 광저우에서 사스 환자들을 치료했던 의사 리우 지안룬이 가족 결혼식에 참석하기 위해 홍콩을 방문했다. 그는 콴 부부가 메트로폴 호텔에 묵었던 날, 같은 층에 투숙했다. 리우는 몸이 몹시 아파서 다음 날 홍콩의 병원에 갔다. 아마도 리우가 호텔의 복도나 엘리베이터에서 기침과 재채기를 하며 밤새 콴을 비롯해 수십 명을 감염시켰을 것이다. 곧 호텔의 다른 투숙객들도 증상을 보였다. 이들을 치료했던 지역 병원의 보건 의료진들에게서도 증상이 나타났다. 콴과 마찬가지로 이때 감염된 수많은 사람들이 홍콩에서 자기들의 목적지로 여행하는 도중에, 그리고 최종 목적지에서 다른 사람들에게 사스를 퍼뜨렸다.

나중에 과학자들은 광저우에서 사스가 발생하기 몇 달 또는 몇 년 전에 관박쥐가 다른 동물들을 감염시키면서 이 질병이 시작되었다는 사실을 확인했다. 이들 박쥐를 통해 새로운 유형의

'코로나' 바이러스(겉모습이 왕관 같다는 데서 이름 붙여진 RNA 바이러스의 한 종류)가 나타났다는 증거를 찾을 수 있었다. 코로나 바이러스는 사스 바이러스의 먼 친척이며, 인간이 앓는 감기의 약 15%를 이 코로나 바이러스가 일으킨다. 광저우 야생 동물 시장에서 팔리는 족제비오소리와 사향고양이는 사스 바이러스에 특히 취약한 것으로 밝혀졌다. 바이러스가 이 동물들에게 퍼지면 아마 변이를 일으켜 인간에게 쉽게 전파될 것이다.

2003년 3월, 당시 WHO의 사무총장이었던 그로 할렘 브룬틀란Gro Harlem Bruntland은 이렇게 말했다. "사스라는 이 증후군은 이제 전 세계의 보건을 위협하고 있습니다." 나라와 나라를 넘나드는 항공 여행이 많아지면서 사스는 곧 중국 본토, 베트남, 타이완, 싱가포르, 유럽의 여러 나라들, 미국, 캐나다에까지 퍼졌다. 2003년 말까지 사스는 8000명 이상을 감염시켰고, 그 가운데 800여 명이 사망했다.

사스는 전염성이 무척 강하다. 그리고 2003년에 유행하는 동안 이 질병은 감염된 환자 10명 가운데 거의 1명을 죽음에 이르게 할 정도로 심각했다. 하지만 그럼에도 팬데믹이 되지는 않았다. 왜 그랬을까? 첫째로 과학자들은 바이러스가 사람들에게 퍼지게 되었을 때 재빠르게 그것이 무엇인지를 알아냈다. 대부분의 환자들은 좋은 장비와 의료진을 갖춘 병원에서 치료받았다. 중국은 사스의 유행을 막기 위해 학교 문을 닫았으며 수천 명을

## 감염병의 접촉 경로 추적하기

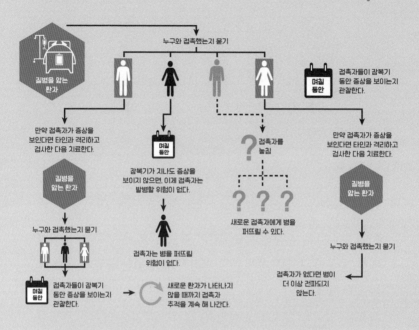

누구와 접촉했는지 묻기

질병을 앓는 환자

며칠 동안

접촉자들이 잠복기 동안 증상을 보이는지 관찰한다.

만약 접촉자가 증상을 보인다면 타인과 격리하고 검사한 다음 치료한다.

질병을 앓는 환자

누구와 접촉했는지 묻기

며칠 동안

접촉자들이 잠복기 동안 증상을 보이는지 관찰한다.

며칠 동안

잠복기가 지나도 증상을 보이지 않으면, 이제 접촉자는 발병할 위험이 없다.

접촉자는 병을 퍼뜨릴 위험이 없다.

새로운 환자가 나타나지 않을 때까지 접촉자 추적을 계속 해 나간다.

? 접촉자를 놓침

? ? ?

새로운 접촉자에게 병을 퍼뜨릴 수 있다.

만약 접촉자가 증상을 보인다면 타인과 격리하고 검사한 다음 치료한다.

질병을 앓는 환자

누구와 접촉했는지 묻기

접촉자가 없다면 병이 더 이상 전파되지 않는다.

잠복기 동안 환자들이 누구와 접촉했는지 물어보고 추적하는 것은 병의 전파를 막기 위한 효과적인 방법이다. 사스의 잠복기는 보통 2~7일이다.

격리(감염병 환자나 면역성이 없는 환자를 다른 사람과 마주치지 않게 다른 곳으로 떼어 놓는 것)했다. 전문가들은 환자들 각각의 접촉 경로를 빠르게 추적해 이들이 누구를 감염시켰을 가능성이 있는지 알아냈고, 그 사람들 역시 격리했다.

마지막으로, 사스의 증상은 환자가 다른 사람을 감염시키기 전에 발생하는 것으로 보인다. 다시 말해 사스 환자는 기침으로 바이러스를 공기 중에 내뿜기 전에 발견되어 격리할 수 있다. 이 특성은 많은 다른 질병들과는 다르다. 독감은 환자가 증상이 나타나기 전부터 다른 사람을 감염시킬 수 있다. 이들은 자기가 아프다는 사실을 깨닫기 전에 이미 하루나 그 이상의 기간 동안 독감 바이러스를 퍼뜨린다.

## 원숭이 두창 - 프레리도그는 왜 감기에 걸렸을까?

비행기에 타는 승객은 사람뿐만이 아니다. 미국의 경우, 2000년에서 2006년 사이에 대략 15억 마리의 살아 있는 동물이 다른 나라에서 미국으로 들어왔다. 이 동물 가운데는 포유류, 조류, 어류, 파충류, 양서류, 곤충이 포함된다. 하지만 이것들이 전부 합법적으로 수입되지는 않는다. 미국 야생동물보존협회는 불법적인 동물 거래가 전 세계적으로 60억 달러 규모의 산업을 이룬다고 추정한다. 이 협회에 따르면 호랑이, 원숭이를 비롯해 식용 동물 수만 마리가 이 시기에 개인 비행기와 보트를 통해 불법으로 미국에 밀반입되었다.

합법적이든 불법적이든, 이렇게 들여온 동물들은 그동안 미국에서 발생하지 않았던 새로운 질병을 옮길 수 있다. 예컨대 2003년 '감비아쥐'라고 하는 커다란 설치류를 포함해 아프리카

쉬얀, 스티브, 태미(왼쪽부터). 이들 카우처 가족은 원숭이 두창 바이러스에 감염된 후 자기 집에 격리되었다. 태미가 바이러스에 감염되었다가 살아남은 프레리도그 한 마리를 들고 있다. 이 가족은 이제 원숭이 두창 바이러스에 면역이 생겼다고 생각해서 이 프레리도그를 계속 키우기로 결정했다.

설치류들이 미국에 들어오면서 원숭이 두창이 발생했다.

2003년 5월 둘째 주 일요일, 태미 카우처는 세 살짜리 딸 쉬얀을 데리고 위스콘신주 워소의 벼룩시장에 갔다. 여기서 애완동물을 파는 상인에게서 프레리도그 새끼 두 마리를 샀다. 프레리도그는 다람쥣과 동물로, 우는 소리가 개와 비슷하여 '도그'라는 말이 이름에 붙었다. 이틀 뒤 카우처는 프레리도그 중 한 마리가 감기에 걸린 것 같다고 느꼈다. 카우처는 이 프레리도그를 수의사에게 데려갔다. 수의사는 림프절이 부었다고 진단한 다음 항생제를 처방했다. 그날 동물병원에서 프레리도그를 통해 여러 사람이 바이러스에 감염되었다.

며칠 뒤 이 프레리도그는 카우처의 집에서 죽었다. 하지만 죽기 전 쉬얀의 손가락을 물고 말았다. 쉬얀은 열이 39℃까지 올랐고 피부에 수포가 생겼다. 카우처는 딸을 병원에 데려갔고, 이틀 뒤 쉬얀은 입원했다. 의사들은 쉬얀이 천연두와 비슷한 바이러스성 질환인 원숭이 두창에 걸렸다고 진단을 내렸다. 그때까지 미국에서 한 번도 보고되지 않은 병이었다. 쉬얀의 부모와 다른 프레리도그 한 마리도 약하게 원숭이 두창에 걸린 상태였다. 그리고 다들 완치되었다.

미국 질병통제예방센터의 조사관들은 재빨리 아프리카 가나에서 미국 텍사스주의 동물 유통업자들에게 운송된 수백 마리의 감염된 설치류들을 추적·조사하였다. 그 결과는 다음과 같았다. 수입한 동물이 병들었다는 사실을 몰랐던 유통업자들은 설치류를 일리노이주로 보냈다. 여기서 애완동물 상인들이 이 설치류들을 미국 프레리도그와 함께 두었다. 카우처 가족이 샀던 프레리도그는 애완동물로 팔리고 있었다. 원숭이 두창에 면역이 없었던 프레리도그는 아프리카의 설치류들로부터 빠르게 감염되었고 병에 걸렸다. 감염된 프레리도그를 애완동물로 사들인 사람들 역시 병을 앓았다. 미국 중서부의 6개 주에서 71명이 원숭이 두창

# 타이어 속의 모기들

전 세계를 무대로 상거래가 이루어지는 오늘날에는 수많은 제품이 늘 어딘가로 이동한다. 이런 제품들 역시 위험한 감염을 일으키는 원천일 수 있다. 1960년대부터 미국은 매년 수많은 중고 타이어를 수입했다. 당시 일본은 수십 년 동안 중고 타이어를 가장 많이 수출해 왔고, 미국에도 타이어를 수출했다. 이 타이어들은 커다란 컨테이너에 실려 거대한 화물선을 타고 미국에 도착했다. 그 사이 중고 타이어 안에는 물이 고였고, 그 속에 수많은 모기가 살면서 알을 낳았다. 타이어는 그동안 미국에서 발견되지 않았던 새로운 모기 종과 함께 화물선에서 내려진 셈이다.

이제 미국은 중고 타이어를 거의 수입하지 않는다. 하지만 과거에 중고 타이어를 수입하면서 입었던 피해는 여전히 남아 있다. 그 모기들은 미국 전역으로 팔려 나간 중고 타이어와 함께 곳곳으로 퍼졌다. 당시 타이어를 통해 미국에 들어온 2종의 모기는 이집트숲모기와 흰줄숲모기다. 공중 보건 전문가들은 이 모기들이 상륙했을 때 병에 감염되어 있었는지에 대해서는 확실히 모른다. 하지만 이 2종의 모기는 미국에 널리 서식하며 위험한 바이러스들을 다양하게 전파한다(물론 모든 모기 종이 병을 퍼뜨리지는 않는다). 다시 말하면 이집트숲모기와 흰줄숲모기가 전염시키는 바이러스가 미국에 도달한다면, 이미 살고 있던 이 2종의 모기가 병을 퍼뜨릴 수 있다는 것이다.

에 걸렸다. 모두 바이러스에 감염된 프레리도그와 접촉한 사람들이었다. 그 가운데 여럿이 병원 신세를 졌다.

아프리카 중부와 서부의 외진 지역에는 두 가지 원숭이 두창 변종이 돌고 있었다. 두 가지 가운데 더 위험한 변종은 감염된 사람의 10% 정도를 죽음에 이르게 했다. 미국에 들어온 것은 순한 변종이었다. 이 병의 유행을 막기 위해 미국 보건 당국은 원숭이 두창 바이러스에 노출되었던 사람과 동물들을 격리했다. 그뿐만 아니라 수의사, 보건 의료 종사자들을 비롯해 감염 위험이 높은 사람들에게 천연두 백신을 맞게 했다.

만약 누군가 감염된 프레리도그 한 마리만 야생에 풀어 놓았더라도 원숭이 두창은 미국 프레리도그 수백만 마리와 쥐, 다람쥐, 고슴도치에게 퍼졌을 것이다. 그러면 야생 동물에게 심각한 피해를 입히고 사람들에게도 더 빠르게 전파되었을지 모른다. 또 다른 발병을 막기 위해 미국 질병통제예방센터는 재빨리 아프리카 설치류의 수입을 전면 금지했다. 이처럼 비행기로 여행하는 오늘날에는 어디서든 하나의 질병이 아주 순식간에 모든 곳으로 퍼질 수 있다.

## 이 질병이 다음번 팬데믹이 될까?

사스가 다음번 팬데믹이 될까? 그럴지도 모른다. 만약 사스가 박쥐를 비롯한 다른 동물로부터 인간에게 전파된다면 이 병은 다시 빠르게 퍼질 수 있다. 이 바이러스가 다시 퍼질 경우를 대비해 여러 기관에서 사스를 예방하는 백신을 만들고자 노력하고 있다. 이런 백신의 안전성을 시험할 수는 있지만, 다시 이 바이러스가 돌지 않는 한 과학자들은 이 백신이 사스로부터 사람들을 지켜줄지 알 수 없다.

# 3 장

# 기후 변화

잠재적
팬데믹

비행기
여행의 증가

기후 변화

따뜻한 계절이 길어지고 강우 형태가 변화하면서 사람에게 병을 퍼뜨릴 수 있는 곤충들이 매년 더 오랜 기간 번성한다. 그와 함께 이 곤충들은 좀 더 먼 지역까지 이동한다.

-킴 놀턴(Kim Knowlton), 미국 천연자원보호협회 수석 연구원, 2015년

미국 항공우주국<sup>NASA</sup>은 2016년이 현대적인 방식으로 기후를 기록하기 시작한 1880년대 이후로 가장 더운 해였다고 발표했다. NASA 고다드우주연구소<sup>GISS</sup>의 소장인 기후학자 개빈 슈미트<sup>Gavin Schmidt</sup>는 다음과 같이 말했다. "2016년은 놀랍게도 3년 연속 최고로 더운 해였습니다. 매년 이런 최고 기록이 이어질 것이라 예상되지는 않지만, 장기적으로 온난화의 흐름이 이어진다는 점은 분명합니다." 결국 이 흐름은 2017년에도 이어졌다. 그해 10월까지는 역사상 두 번째로 더운 시기였다.

19세기 후반 이후로 지구의 평균 기온은 약 1.1℃ 올랐다. 이

2017년 허리케인 하비가 미국 텍사스주와 루이지애나주를 강타했다. 하비가 지나간 뒤 홍수로 불어난 물이 텍사스주 휴스턴의 건물을 에워싸고 있다. 기후 변화 때문에 더 많은 허리케인과 홍수가 발생할 수 있고, 그러면 모기 개체군이 증가할지도 모른다.

정도는 크게 오른 게 아니라고 생각할 수도 있지만, 이 작은 변화가 전 세계에 엄청난 결과를 가져온다. 덥고 건조한 기후는 먼저 가뭄과 식량 부족으로 연결된다. 또 기온이 상승하면서 북극과 남극의 얼음이 더 빨리 녹는다. 2017년 7월에는 서울 면적의 10배가 넘는 크기의 빙산 하나가 남극 대륙 빙하에서 떨어져 나와 바다에 둥둥 떠다녔다. 지난 50년 동안 일부 미국 해안의 해수면은 20센티미터 더 높아졌다.

2017년 미국의 과학자들이 참여하는 민간단체인 '참여 과학자 모임'이 내놓은 보고서에 따르면, 2035년까지 미국 동부와 서부 해안의 약 170개 도시와 멕시코 연안 지역이 지속적인 홍수로 피해를 볼 것이라 한다. 기후 변화의 영향으로 비가 많이 내리면서, 2017년 허리케인 하비로 텍사스주와 루이지애나주 강우량이 1270밀리미터에 달했을 때와 마찬가지로 홍수 피해가 엄청나게 클 수 있다. 그리고 이런 모든 변화는 감염병을 더욱 빠르게 전파시켜 더 많은 사람을 병들게 할 수 있다.

## 기후 변화와 지구 온난화

사람들은 때때로 '기후 변화'와 '지구 온난화'를 뒤섞어서 쓰곤 한다. 그런데 NASA에 따르면 두 용어는 차이가 있다. 기후 변화는 전 세계적으로 평균 기온과 습도, 강우량이 계속해서 변화하는 현상이다. 반면 지구 온난화는 기후 변화의 한 측면으로, 20세기 초부터 지구의 기온이 계속 상승하는 흐름을 가리킨다. 기후 변화와 지구 온난화의 가장 큰 원인은 화석 연료의 사용으로 지구의 대기에 열을 붙잡아 두는 온실 기체가 점점 많아지는 것이다.

## 좀비같이 깨어나는 미생물들

북극은 지구 온난화에 더욱 취약하다. 한때 북극 대륙을 덮고 있던 얼음이 태양열을 반사해 기온이 오르는 것을 막아 주었는데, 지구 온난화로 얼음이 녹으면서 밖으로 드러난 북극의 땅과 바다가 태양열을 예전보다 많이 흡수하게 되었다. 북극의 기온은 세계 다른 지역에 비해 약 세 배 더 빠르게 오르고 있다. 이것은 얼음과 영구 동토층이 녹고 있다는 것을 뜻한다. 영구 동토층은 평균 기온이 영하로 나타나는 달이 6개월 이상 계속되어 일 년 내내 얼어 있는 토양층이다. 북극 일부 지역은 겨울 평균 기온이 영하 25℃이고, 약 340미터 깊이까지 영구 동토층이다. 이 깊이는 뉴욕 엠파이어스테이트 빌딩의 높이와 맞먹는다.

유목민인 네네츠족은 북극권(북위 66.5622도보다 높은 곳) 위쪽인 야말 반도에 산다. 이곳은 러시아 북부 시베리아에 자리한 외진 지역이다. 2011년에 발표된 러시아 과학아카데미의 연구 보고에 따르면, 북극 영구 동토층이 녹을 경우 동물에게서 인간으로 감염되는 병원균이 풀려날 수 있다. 그러면 예전에 돌았던 질병이나 새롭게 발견되는 질병이 퍼져 나갈 수 있다는 것이다.

2016년 여름 야말 반도의 기온이 몇 달에 걸쳐 35℃까지 치솟으면서 러시아 과학아카데미의 예견은 현실이 되었다. 이례적으로 더운 날씨에 영구 동토층이 녹기 시작했고, 오랫동안 동면 중이던 비활성 상태의 병원균들이 모습을 드러냈다. 몇몇 과학자

시베리아에 사는 네네츠족에게는 순록이 몹시 중요하다. 네네츠족은 순록의 이동 경로를 따라 일 년 내내 이동하면서 순록으로부터 식량, 텐트, 옷을 비롯해 각종 도구를 얻는다. 하지만 치명적인 병원균이 퍼지고 기후 변화가 일어나면서 순록의 이동 형태가 바뀌었고, 순록의 먹이가 줄어들었다. 계속해서 순록이 굶주리거나 병으로 죽으면 네네츠족은 그동안의 생활 방식을 보존하기 어렵다.

들은 이 병원균들을 '좀비 미생물'이라고 부른다. 한때 죽은 듯 보였지만 다시 살아났기 때문이다.

예를 들어 탄저균은 단단한 포자(억센 보호 껍질)를 만들어 사람이나 동물의 얼어붙은 사체에서 100년 이상 생존할 수 있다. 그러다가 기온이 올라가면 이 세균은 잠에서 깨어나 다시 다른 생물을 감염시킨다. 2016년 여름, 야말 반도에서는 탄저균 포자가 다시 나타나 퍼지면서 거의 100명을 앓아눕게 만들었다. 그리고 12세 소년 한 명을 비롯해 2000여 마리의 순록과 썰매 끄는

개 여러 마리가 죽었다. 러시아 과학자들은 영구 동토층이 녹으면서 75년 전에 탄저병으로 죽은 순록의 사체가 드러났다고 추정한다. 툰드라 지대에 바람이 불면서 탄저균 포자가 널리 퍼졌을 것이다. 이 지역 순록들은 풀을 뜯어 먹다가 땅속에 있던 탄저균 포자도 함께 섭취해 감염되었다. 사람은 이 순록들과 접촉하거나 호흡을 통해 탄저균 포자가 몸속으로 들어가 감염되었다.

지방 정부는 탄저병 집단 감염에 재빨리 대응해 이 사태를 통제하고 병의 확산을 막아 동물이나 사람이 더 이상 죽지 않도록 했다. 순록을 기르던 네네츠인 알렉세이 네냔가는 이렇게 말한다. "사람들은 대피했고, 병에 걸린 개들은 안락사시켰으며, 텐트와 썰매에는 불을 질렀죠. 결국 모든 게 사라졌어요. 우리 지역에서는 순록 기르는 사람이 순록을 잃으면 아무것도 가진 게 없는 셈이죠." 네네츠족의 생활 양식은 순록과 밀접하게 관련되어 있기 때문에, 러시아 정부는 순록에게 탄저병을 예방하는 백신을 접종하기 시작했다. 그 결과 2017년 8월에는 야말 반도에 사는 7000마리의 순록이 백신을 맞았다.

하지만 북극의 영구 동토층이 녹으면서 모습을 드러낸 감염성 질병은 탄저병뿐만이 아니었다. 2012년에 미국의 저명한 국제 학술지 〈뉴잉글랜드 의학 저널New England Journal of Medicine〉에서는 그동안 알려지지 않았던 천연두 변종의 DNA 조각에 대해 다뤘다. 과학자들은 시베리아 영구 동토층에 얼어 있던 300년 된 인간 미라의 사체에서 그 DNA 조각을 발견했다.

또한 과학자들은 시베리아 영구 동토층에서 최소한 3만 년 이상 된 '거대 바이러스'를 발견했다. 거대 바이러스는 복합 바이러스의 한 종류로, 보통의 현미경으로도 볼 수 있을 만큼 크다. 2013년에 연구자들은 실험실에서 시베리아의 거대 바이러스를 되살렸으며, 단세포 아메바와 동물 세포, 인간 세포에 그 바이러스의 위력을 시험해 보았다고 발표했다. 그 결과 거대 바이러스는 아메바를 감염시켰지만 동물 세포와 인간 세포에는 감염하지 않았다.

그럼에도 2015년에 연구자들은 영구 동토층에서 발견된 천연두의 새로운 변종과 거대 바이러스는 우리가 기후 변화를 염려해야 하는 이유 중 하나라고 경고했다. 연구자들은 시베리아 영구 동토층에 또 무엇이 묻혀 있는지 알 수 없다고 말한다. 영구 동토층이 녹으면서 천연두나 탄저병이 다시 유행할까? 새로 발견된 거대 바이러스가 인류에게 그동안 알려지지 않았던 질병을 퍼뜨릴까? 전부 가능성 있는 이야기다.

## 매개 생물이란 무엇일까?

매개 생물이란 병을 일으키는 병원균을 한 숙주에서 다른 숙주로 옮기는 생물을 말한다. 매개 생물은 대개 물거나 쏘는 곤충이다.

진드기는 라임병을 일으키는 세균을 옮긴다. 모기는 웨스트나일열, 지카열, 뎅기열, 치쿤구니야열을 일으키는 바이러스를 실어 나른다. 그뿐만 아니라 모기는 말라리아를 일으키는 기생충을 옮기기도 한다. 벼룩은 페스트균을 옮긴다. 이런 곤충들은 사람이나 동물을 물면서 병을 퍼뜨린다.

예를 들어 암컷 모기는 알을 낳는 데 필요한 단백질을 얻기 위해 사람이나 동물의 피를 빨아 먹는다. 모기는 동물이나 사람을 물 때 침을 흘려 넣는데, 침 속에는 바이러스와 말라리아 기생충이 산다. 모기의 침은 마취 효과가 있어서 사람들이 모기에 물려도 처음에는 느끼지 못한다. 또 모기 침에는 혈액의 응고를 막는 성분이 들어 있어 모기가 피를 빨 때 응고되지 않는다. 모기는 한 번에 4~5명을 물고, 2주간 사는 동안 서너 번 혈액을 섭취한다. 그 결과 병원균에 감염된 모기 한 마리가 10여 명의 사람을 빠르게 감염시킬 수 있다.

2016년 미국 '지구 기후 변화 연구 프로그램'의 보고서에 따르면, 기후 변화는 현재 존재하는 매개 생물과 매개 생물에서 비롯된 질병의 지리적 · 계절적 분포를 바꿀 것으로 예상된다. 또 이 보고서에 따르면 2050년까지 기온은 1.1~1.7℃ 정도 오를 수 있다. 기온이 올라가면 전 세계적으로 여러 가지 감염병이 퍼질 가능성이 높아진다. 기후 과학자 일리사 오코Ilissa Ocko는 따뜻해진 날씨가 다음과 같이 위기를 불러온다고 말한다. 첫째, 기온이 올라

가면 모기의 활동 기간이 늘어난다. 둘째, 따뜻해진 공기가 바이러스를 좀 더 빠르게 자라도록 한다. 셋째, 기후 변화로 모기들의 서식지가 넓어진다.

기온이 올라가면 모기와 진드기는 따뜻해진 지역으로 옮겨 간다. 모기는 냉혈 동물이라 기온이 10℃ 이하인 곳에서는 죽거나 동면에 들어간다. 반면 기온이 27℃ 이상인 곳을 좋아하며 40℃가 넘는 곳에서도 활동할 수 있다. 기온이 약간만 변화해도 모기의 수명에 영향을 줄 수 있다. 기온이 올라가면 모기가 알을 낳는 시기와 알이 부화하는 시기의 간격이 짧아진다. 1980년대 이후로 모기가 활동하는 기간, 다시 말해 모기가 부화하거나 동면에서 깨어난 후부터 날씨가 서늘해져 죽거나 다시 동면에 들어가기까지의 기간은 미국 125개 도시에서 5일이 늘었고 10개 도시에서는 한 달이 늘었다. 그에 따라 더 많은 모기가 더 오랜 기간에 걸쳐 사람들에게 병을 옮길 수 있게 되었다.

기후 변화로 기온이 올라갔을 때 진드기 역시 더 오랜 기간 활동하며 더 넓은 지역까지 퍼질 가능성이 높아진다. 진드기는 습도가 85% 이상이고 기온이 7.2℃ 이상인 곳에서 번성한다. 진드기의 수명이 길어지면 짝짓기를 하고 알을 낳는 기간도 길어진다. 그러면 더 많은 진드기가 사람이나 동물을 물어 병원균을 감염시킬 것이다.

## 진드기가 옮기는 질병, 라임병

새로운 질병이 나타났을 때 가장 먼저 알아차리는 사람은 대개 의사들이다. 하지만 1975년 미국 코네티컷주 라임시에서 아이들에게 생긴 증상을 보고 처음부터 이상하다고 느낀 사람은 두 명의 어머니였다. 한 어머니가 자기 아이들의 관절이 부어오르고 통증을 일으키는 원인을 찾고자 여러 명의 의사를 찾아다녔던 것이 시작이었다. 한 달 뒤 또 다른 어머니가 코네티컷 보건 당국에 전화를 걸어 비슷한 증상을 알렸다. 흔히 관절염을 앓는 노인에게나 이런 증상이 생기지, 아이들에게서는 보기 힘든 증상이었기 때문이다.

곧 의사들이 작은 도시인 라임 지역에서 37명의 어린이와 10명 남짓한 어른에게 심각한 관절염을 앓게 만든 원인을 찾았다. 몇몇 환자들은 관절에 통증이 느껴지기 전에 붉은색의 둥그런 발진(피부의 색깔과 모양, 또는 감촉이 변하는 증상)이 있었다고 말했다. 의사들은 진드기가 그런 발진을 일으킨다는 사실을 알고 있었으며, 그것은 모양과 색깔 때문에 보통 '황소 눈 발진'이라고 불렸다. 결국 의사들은 이 지역에서 진드기들이 미국에 새로운 질병 하나를 퍼뜨렸다고 결론을 내렸다. 그리고 이 질병에 '라임병'이라는 이름을 붙였다.

라임병은 미국에서 매개 생물이 일으키는 질병 가운데 가장 흔한 병이다. 라임병 협회에 따르면 미국의 거의 모든 주에서 이

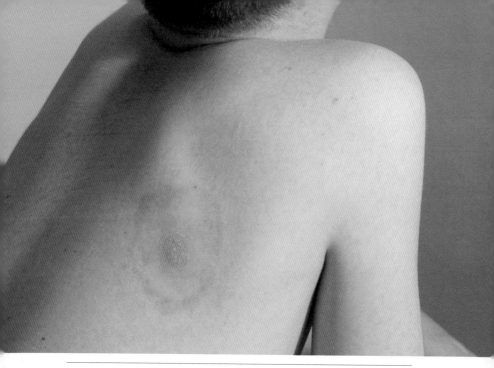

이 환자는 라임병의 특징인 황소 눈 모양의 발진을 보인다. 이 발진은 점차 퍼지는데 지름이 최대 30센티미터에 이르기도 한다.

질병이 나타났다고 보고되었다. 2016년 미국 질병통제예방센터의 보고에 따르면 47개 주에서 라임병으로 확진되었거나 그럴 가능성이 있는 사례가 3만 6429건에 이르렀다. 연구자들은 매년 37만 6000건의 새로운 병이 일어난다고 추산했다. 라임병이 미국에서 가장 빠르게 성장하는 감염병이 된 데에는 두 가지 환경 요인이 있다. 첫째, 지구 온난화로 기온이 오르면서 진드기의 번식기가 길어진 데다 전에는 너무 추워서 살지 못했던 지역까지 진드기가 널리 퍼졌다. 둘째, 숲속에 전원주택을 많이 지으면서 그곳에 사는 사람들이 진드기에 좀 더 많이 노출되었다.

라임병을 옮기는 진드기들은 키 큰 풀의 꼭대기까지 기어오른다. 그러다가 사람이 풀을 스치고 지나갈 때 진드기는 새로운 밥줄에 기어오른다. 이때 제거하지 않으면 진드기는 며칠 동안 사람의 피를 빨아 먹은 다음에야 떨어진다. 진드기가 붙어 있는 기간이 길수록 그 사람에게 라임병뿐만 아니라 진드기가 퍼뜨리는 다른 질병들이 옮겨질 위험도 커진다.

라임병에 걸린 환자 10명 가운데 8명 정도는 한 달 안에 발진이 생기는데, 그 발진은 항상 그렇지는 않지만 황소 눈 모양인 경우가 많다. 열, 오한, 피로감, 몸살 같은 독감 증상도 따른다. 그리고 나중에는 관절과 뼈의 통증을 비롯해 두통과 신경통, 뇌와 척수의 염증, 기억 장애 같은 신경계의 여러 문제까지 나타난다. 게다가 심장을 감염시켜 가슴 통증과 졸도를 일으킬 수도 있다.

라임병에 걸린 사실을 빨리 알면 항생제로도 치료할 수 있다. 하지만 어떤 사람은 항생제를 처방받아도 몇 달이나 몇 년에 걸쳐 증세가 이어지기도 한다. 그렇게 만성적인 통증과 피로감을 안고 살아가는 사람들이 수만 명에 이른다. 라임병에 걸린 사람들 중 3분의 1가량이 오랫동안 병을 앓는다. 그러다 보니 전문가들은 이런 증상을 어떻게 진단하고, 어떻게 정의 내리며, 얼마나 오래 치료할 것인가를 두고 서로 다른 의견을 내놓고 있다.

# 진드기를 안전하게 없애는 방법

진드기에 물리지 않으려면 진드기가 살 수 있는 키 큰 풀이나 나무가 많은 지역을 피하면 된다. 또 피부가 드러나는 옷보다는 긴팔 옷과 긴바지를 입는다. 샌들보다는 발이 드러나지 않는 신발에 양말까지 갖춰 신는 게 낫다. 모자를 쓰고 피부와 옷에 곤충 퇴치제를 바르는 것도 좋다. 야외에서 집으로 돌아올 때는 진드기가 붙어 있지 않는지 피부와 옷을 잘 살핀다. 사람이나 반려동물 몸에서 진드기를 발견했다면 다음과 같이 제거하도록 한다.

1. 진드기를 만져서는 안 된다. 성냥불로 태우려고 하거나 바셀린으로 덮어 버리지 않는다.

2. 끝이 뾰족한 핀셋으로 피부 가까이에서 진드기를 잡는다.

3. 핀셋에 고르게 압력을 주면서 진드기를 집어 올린다. 핀셋을 비틀거나 돌리면 진드기의 입 부분이 떨어져 피부에 남아 감염이 일어날 수 있다.

4. 아이오딘이나 알코올, 비누와 물을 사용해 진드기에 물린 곳을 씻어 낸다. 진드기를 잡은 다음에는 비누로 손을 잘 씻어야 한다.

5. 의사에게 진드기를 보여 주어야 한다면 비닐봉지나 작은 병에 진드기를 넣어 전달한다. 그럴 필요가 없다면 진드기를 알코올에 적신 다음 비닐봉지에 넣어 버리거나 변기에 넣어 씻어 내린다.

# 모기가 옮기는 질병

미국은 곳곳에서 모기 퇴치 프로그램을 진행한다. 사람들은 모기에 물리지 않으려고 긴팔 옷과 긴바지를 입거나 모기 퇴치제를 몸에 뿌린다. 하지만 기온이 높아지면서 웨스트나일열, 뎅기열, 치쿤구니야열처럼 모기가 옮기는 질병의 발생 사례가 늘고 있다. 기온이 높으면 이런 질병을 일으키는 바이러스를 실어 나르는 모기들의 서식지가 넓어지기 때문이다. 2015년 미국 의학연구소(국립의학아카데미)가 주최한 미생물의 위협에 대한 포럼에서는 지구 환경이 변하면서 이전에 특정 지역에서만 발생했던 뎅기열, 치쿤구니야열, 웨스트나일열이 전 세계의 인구 밀집 지역에서 나타나고 있다고 밝혔다.

### 웨스트나일열

웨스트나일 바이러스는 1937년에 아프리카 우간다에서 처음 발견되었고, 기온이 높은 열대 지역에서만 나타났다. 그런데 1999년에 웨스트나일 바이러스의 영향권과는 거리가 먼 미국 뉴욕에 처음으로 나타나며 북아메리카에 상륙했다. 이 바이러스는 다음 세 가지 가운데 한 방식으로 미국에 도달했을 것이다. 웨스트나일 바이러스에 감염된 사람을 통해서거나, 바이러스에 감염된 모기를 통해서, 또는 바이러스에 감염된 새를 통해서이다. 확실히 알 수는 없지만 대부분의 전문가들은 이 바이러스가 이주하

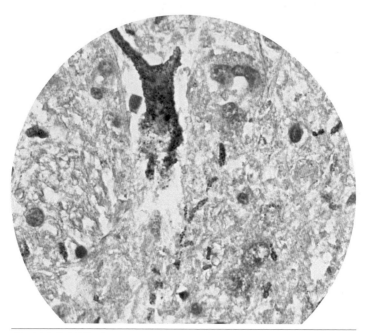

웨스트나일 바이러스에 감염되어 뇌염을 앓는 환자의 뇌 조직 사진으로, 감염된 세포가 붉은색으로 나타난다. 웨스트나일 바이러스는 뇌세포를 감염시키는데, 그 과정에서 뇌세포를 손상시키고 뇌염과 혼수상태, 발작을 일으킬 수 있다.

는 철새를 통해 들어왔을 것이라 생각한다. 왜냐하면 1999년에 뉴욕에서 조류의 사망률이 특히 높았기 때문이다. 이것은 새들이 뉴욕에 도착했을 때 이미 병을 앓고 있었거나 죽어 가고 있었다는 사실을 암시한다. 그 후 이 지역에 사는 큘렉스 모기가 감염된 새의 피를 빨아 먹으면서 역시 감염되었고, 그 바이러스를 사람과 다른 새들과 동물들에게 퍼뜨렸다.

1999년 이후로 이 바이러스는 미국에서 최소한 4만 6000명을 감염시켰고 2000명 이상을 죽음에 이르게 했다. 웨스트나일열은 미국에서 모기가 전파하는 질병 가운데 가장 흔하며, 알래스카와 하와이를 제외한 모든 주에서 발견되었다. 이 바이러스는 아프리카, 유럽, 중동, 서아시아, 북아메리카와 남아메리카에 흔하기 때문에 웨스트나일열은 거의 팬데믹에 가까운 질병이다.

그렇지만 웨스트나일 바이러스에 감염된 사람들 가운데 70~80%는 증상이 없기 때문에 얼마나 많은 사람들이 감염되었는지 알기 어렵다. 감염된 사람 5명 가운데 1명 정도만 열과 몸살, 관절통, 두통, 발진을 보인다. 이런 증상을 보이는 사람들의 대부분은 완치되지만, 몇 달 동안 피로와 쇠약을 경험할 수 있다.

한편 이 바이러스에 감염된 사람들 가운데 1% 안 되는 이들이 수막염(뇌를 둘러싼 조직에 생기는 염증) 같은 심각한 질병을 보인다. 이런 사람들은 목이 뻣뻣해지고 심한 두통, 고열, 착란, 혼수상태, 발작, 마비를 일으킨다. 이 증상에서 회복되는 데 몇 달이 걸리며, 일부 환자들은 완치되지 못한다. 전반적으로 봤을 때, 웨스트나일 바이러스는 미국에서 감염자의 약 4%를 죽음에 이르게 했다. 그러나 수막염이나 뇌염 증상을 보인 환자들의 경우에는 9~10%가 목숨을 잃었다. 또한 이 바이러스는 새를 비롯해 여러 동물들에게도 치명적이다. 하지만 아직 확실한 치료법이 없으며, 환자들에게 정맥 주사나 진통제 같은 보조 치료를 실시할 수 있다.

## 뎅기열

21세기 들어 전 세계 인구의 절반 정도가 뎅기열의 위험에 노출되어 있다. 전 세계 인구 중 매년 4억 명가량이 뎅기열 증상을 보이며, 이 질병은 모기가 옮기는 병 가운데 가장 흔하고 가장 빠르게 퍼진다. WHO에 따르면 128개국에서 약 40억 명이 뎅기열에 감염될 위험에 놓여 있다.

미국에서 뎅기열은 사라졌다가 다시 발생한 질병이다. 19세기 후반에서 20세기 초반까지 대부분 미국 남부 주에서 수만 명이 뎅기열을 앓았다. 그러다가 1940년대에 모기 퇴치 프로그램이 널리 활용되면서 미국에서는 뎅기열을 일으키는 숲모기가 전부 사라졌다. 그렇게 뎅기열은 75년 동안 자취를 감췄다. 하지만 2001년에 숲모기가 미국에서 다시 발견되었는데, 수입된 중고 타이어에 실려서 들어왔으리라 추정되었다. 이후로 하와이, 텍사스, 플로리다에서 뎅기열이 발생했다.

일주일 정도 지속되는 고열과 발진, 두통, 눈의 통증, 근육과 뼈의 극심한 통증이 뎅기열 증상에 속한다. 뎅기열은 특히 뼈의 통증이 너무 심해 한때는 '뼈를 부러뜨리는 열병'으로 불렸다. 뎅기열은 멍과 출혈을 동반하는 뎅기 출혈열(에볼라 출혈열과 비슷하다)로 발전되기도 한다. 환자들은 입에서 피를 흘리기도 하며, 소변과 대변에서 피가 보일 수도 있다. 쇼크에 빠지거나, 심하면 사망에 이르기도 한다. 뎅기 출혈열로 증세가 악화된 환자가 사망할 확률은 40%에 달한다.

덩기열을 치료하는 확실한 방법은 없지만 백신이 이 병을 예방하는 데 도움이 될 수 있다. 백신은 브라질, 인도네시아, 베트남, 타이 같은 덩기열 유행 국가에 거주하는 9세에서 45세 사이의 사람들을 위한 것이다. 하지만 이 백신은 덩기열의 발생을 10~30%밖에 줄이지 못해 의사들은 그동안 널리 활용하지 않았다. 연구자들은 현재 개발 중인 새로운 덩기열 백신이 더욱 효과적일 것으로 기대한다.

### 치쿤구니야열

치쿤구니야열은 1952년에 아프리카 탄자니아에서 처음 발견된 이래 아프리카 다른 국가들과 동남아시아, 카리브해 국가들, 남아메리카와 중앙아메리카, 미국까지 퍼졌다. 남아메리카와 중앙아메리카에서는 2015년에만 거의 70만 명이 감염된 것으로 추정된다.

미국에서는 2006년에서 2013년까지 해마다 30명 미만의 환자가 발견되었다. 모두 아시아나 아프리카 같은, 이 병이 퍼진 지역에서 돌아온 여행객들이었다. 2013년에는 카리브해 국가에서 최초의 지역 전파 사례가 확인되었는데, 그것은 이 지역의 모기가 사람들에게 바이러스를 퍼뜨렸다는 뜻이다. 2014년에 카리브해 국가에서 미국으로 돌아온 여행객들이 바이러스를 미국으로 실어 날랐다. 이때부터 플로리다, 푸에르토리코, 미국령 버진 제도에 지역 전파가 일어났다.

치쿤구니야열의 증상은 뎅기열과 비슷하기 때문에 구별하기가 어렵다. 감염된 뒤 2~4일에 갑작스러운 발열 증세를 보이는 것이 특징이다. 관절의 통증이 몇 개월, 심지어는 몇 년 동안 계속되기도 한다. 심각한 합병증은 거의 일으키지 않지만, 나이가 많은 환자들은 사망에 이르기도 한다. 치쿤구니야열을 치료하는 특별한 치료법은 없다. 이 병을 예방하기 위한 백신도 없는 실정이다.

### 지카열

지카 바이러스는 2016년에 브라질 리우데자네이루를 강타해 1월에서 6월까지 2만 6000명이 넘는 사람들을 감염시켰다. 그러자 전 세계 운동선수들이 그해 8월에 이곳에서 열리는 하계 올림픽에 참여해도 괜찮을지 궁금해했다. WHO에서조차 올림픽이 취소되거나 연기되리라 전망하는 전문가들이 있었다. 하지만 과학적 연구에 따르면 운동선수들이 올림픽 참석차 브라질에 방문해도 지카 바이러스와 접촉할 위험은 낮았다. 올림픽이 끝난 뒤 WHO는 운동선수나 방문객들 가운데 병에 감염된 사례는 없다고 발표했다.

지카 바이러스는 1947년 아프리카 우간다의 지카 숲에서 처음 발견되었다. 이 바이러스는 적도 부근의 아프리카와 동남아시아로 서서히 퍼져 나갔다. 그러다가 60년이 지난 2007년에 타히티섬, 이스터섬, 뉴칼레도니아섬 같은 태평양의 여러 섬으로 훌쩍 건너가 퍼졌다. 2015년에 지카 바이러스가 브라질에 처음 나타났고, 2016년에는 카리브해 국가와 미국의 플로리다, 텍사스로 전파되었다.

당시 WHO 사무총장이었던 마거릿 챈은 2016년 제69차 세계 보건 총회에서 지카 바이러스에 대해 다음과 같이 발언했다. "지카 바이러스가 빠르게 진화하며 퍼지고 있는 모습은, 아프리카나 아시아에서 60여 년 동안 잠들어 있던 옛 질병들도 새로운 대륙에서 갑자기 눈을 떠 세계 보건의 위급 상황을 불러올 수 있다고 우리에게 경고합니다." 챈은 또한 전 세계가 새로 출현하거나 다시 출현하는 감염병에 대처할 준비가 거의 되어 있지 않다고 충고했다.

미국에서는 1960년대에 수입 중고 타이어를 통해 미국에 들어온 이집트숲모기와 흰줄숲모기가 지카 바이러스를 퍼뜨린다. 미국 인구의 약 60%가 이 모기들이 많이 사는 지역에 거주한다. 대부분의 모기들은 물속에 알을 낳는데, 이집트숲모기와 흰줄숲모기는 빈 화분 속 같은 건조한 표면에도 알을 낳을 수 있다. 여기에서 모기 알은 최대 1년 동안 휴면 상태로 지낸다. 감염된 암컷 모기는 자기 알에 지카 바이러스를 전달한다. 이 알이 부화하면 유충은 이미 바이러스에 감염된 상태다. 과학자들에 따르면 비록 흔한 일은 아니지만 감염된 모기는 뎅기열, 웨스트나일열, 황열병 바이러스를 자기 알에 전해 주기도 한다.

감염된 모기는 사람을 물어 사람들 사이에 지카 바이러스를 전파한다. 또한 2016년에 연구자들은 이 병이 성관계를 통해 사람에게서 사람으로 전해진다는 사실을 확인했다. 지카열은 모기가 매개하는 질병 가운데 성관계로 전파되는 유일한 병이다. 과학자들은 이 바이러스에 새로운 변이가 일어났기 때문이라고 생각한다. 그리고 지카열은 수혈이나 장기 이식으로도 전염되며, 임산부에게서 태아로 전염되기도 한다.

지카 바이러스에 감염된 10명 가운데 8명은 자기가 병에 걸렸는지도 모른다. 증상으로 보통 열과 발진, 관절통, 근육통, 결막염, 두통이 나타난다. 가끔 심장병을 일으키고, 면역계의 이상 증세인 길랭-바레 증후군을 보이기도 한다. 길랭-바레 증후군은 팔다리에 통증과 마비가 일어나 몸통과 얼굴로 퍼지는 질병으로, 흔하지는 않지만 독감을 비롯한 다른 바이러스성 질병에 걸린 환자에게서 나타나기도 한다. 하지만 〈뉴잉글랜드 의학 저널〉에 따르면 길랭-바레 증후군은 다른 바이러스성 질병보다 지카열 환자에게서 훨씬 더 빈번하게 나타난다.

지카열을 둘러싼 주된 공포는 이 바이러스가 태아에게 심각한 영향을 미친다는 사실이다. 지카 바이러스에 감염된 임산부에

푸에르토리코 카롤리나의 한 산부인과 병원에서 진료를 기다리는 임산부들. 2016년 7월, 미국 질병통제예방센터는 푸에르토리코에서 매일 50명의 임산부가 지카 바이러스에 감염되고 있다고 추정했다.

게서 태어난 신생아의 10~20%가 소두증을 보였다. 소두증은 정상 신생아보다 뇌와 머리가 훨씬 작은 선천적 기형으로, 여러 가지 심각한 신경 발달 장애를 가진다. 2015년에서 2016년 초까지 브라질에서만 4000건 이상의 소두증 사례가 보고되었다. 그 후 브라질을 비롯해 남아메리카와 중앙아메리카, 카리브해 주변 국가들에서 지카 바이러스 감염과 소두증 사례는 둘 다 급격히 감소했다. 지카 바이러스 감염 사례가 줄어드는 이유는 많은 사람들이 감염증에서 회복되었고, 이제 이 바이러스에 면역력을 갖게 되어서다.

지카열을 치료하는 확실한 치료법은 없지만, 이 병을 예방하기 위한 실험적인 백신이 개발되고 있다. 동물 시험에서 백신은 쥐와 원숭이를 바이러스로부터 완벽하게 보호했다. 인간을 대상으로 한 임상 시험은 2016년 하반기부터 시작되었다. 미국 국립 알레르기·감염병연구소 소장 앤서니 파우치Anthony Fauci는 이렇게 말한다. "지카 바이러스의 감염과 그에 따른 선천적인 기형을 막기 위한 안전하고 효과적인 백신이 공중 보건에 꼭 필요합니다." 파우치는 이런 백신이 널리 활용되려면 아직 몇 년은 더 걸릴 것이라고 말한다.

한편 모기의 침을 표적으로 삼는 백신을 임상 시험하고 있다. 이 새로운 백신이 개발되면 바이러스나 기생충이 아닌 모기의 침 자체가 인간의 몸 안에서 면역 반응을 일으켜 웨스트나일열, 뎅기열, 치쿤구니야열, 지카열, 말라리아 같은 모기가 매개하는 질병과 싸우는 데 도움이 될 것이다. 파우치는 이 백신에 대해 이렇게 말한다. "고통스러운 여러 모기 매개 질병을 예방하는 하나의 백신을 만든다는 것은 새로운 생각입니다. 만약 성공을 거둔다면 공중 보건 발전의 기념비적인 업적이 될 것입니다."

# 모기 퇴치하기

모기를 멀리하자! 모기에게 물리면 무엇보다 가렵다. 게다가 모기가
옮기는 질병에 걸릴 수 있다. 다음과 같이 모기를 물리쳐 보자.

· 집 주변에 고인 물을 없애 모기가 그곳에 알을 낳지 못하게 한다.
화분 받침이나 폐타이어를 비롯해 물이 고일 만한 곳이 있는지 확
인한다. 비가 온 뒤에는 더욱 잘 살펴봐야 한다.

· 창문에 방충망을 설치한다. 이미 설치된 방충망은 구멍이 나지 않
았는지 확인한다. 방충망이 없다면 모기가 가장 활발하게 활동하
는 해 질 녘이나 새벽에 문이나 창문을 열지 않도록 주의한다.

· 다이에틸톨루아미드 같은 화학 물질이 든 곤충 퇴치제를 피부에
바르면 모기가 가까이 오지 못하게 하는 데 효과가 있다. 미국 환
경보호청에 따르면 이 물질은 모든 연령대에 안전하다. 웨스트나
일열과 지카열을 퍼뜨리는 모기는 하루 중 서로 다른 시간대에 사
람을 물기 때문에, 주변에 모기가 있을 것 같으면 언제든 퇴치제를
사용한다.

· 야외에서는 살갗이 드러나지 않도록 긴팔 옷과 긴바지를 입는다. 되
도록 가벼운 소재로 만든 옷을 입어 몸을 시원하게 하는 것이 좋다.

· 모기는 땀 냄새를 좋아하므로 운동을 하고 나면 바로 목욕을 하여
땀과 냄새를 없애고 몸의 열도 식힌다.

## 이 질병이 다음번 팬데믹이 될까?

지카열을 비롯해 모기가 바이러스를 퍼뜨리는 질병은 다음번 팬데믹이 될까? 아마 그렇지 않을 것이다. 모기가 퍼뜨리는 바이러스의 대부분은 사람에게서 사람으로 직접 옮아가지 못한다. 고인물을 없애고, 방충망을 사용하며, 모기가 짝짓기를 하는 곳에 살충제를 뿌리는 등 모기 퇴치 대책을 세운다면 이런 모기 매개 질병이 전파되는 속도를 꽤 늦출 수 있다.

# 4장

# 동물 서식지 파괴

우리는 마지막으로 남은 드넓은 숲과 야생의 생태계를 계속 침범하면서, 그런 곳의 자연적 구조와 생태 공동체를 파괴하고 있다. 우리는 콩고, 아마존, 보르네오섬, 뉴기니, 오스트레일리아 북동부를 뚫고 들어간다. 우리는 나무를 뒤흔들고 쓸 만한 것을 베어 버린다.

-데이비드 쾀멘(David Quammen), 미국의 과학 저술가, 2012년

아프리카 라이베리아의 외딴 시골 마을에 사는 가족들은 자기 집 마당에서 키운 채소나 지역 시장에서 산 쌀을 먹는다. 이따금 정글 속으로 들어가 박쥐, 쥐, 침팬지 같은 동물을 사냥해 잡아먹기도 한다. 미국에서는 수많은 가족들이 숲속에 오두막을 짓고 여름휴가를 보낸다. 이들은 벌목꾼을 고용해 숲에서 나무를 베어 내고 불을 놓아 풀을 전부 태우게 한 다음 오두막을 짓고 잔디를 깐다.

이들 라이베리아인 가족과 미국인 가족은 여러분이 생각하는 것보다 공통점이 많다. 둘 다 이전에는 동물이나 곤충만 서식하던 지역에 들어가 살거나 그곳에서 사냥을 한다는 것이다. 아프리카 사냥꾼들은 정글 깊숙한 곳까지 들어가 야생 박쥐와 침팬지를 잡아 죽이고, 그 고기를 먹는다. 그러면 이런 동물이 옮기는 에볼라 출혈열 같은 병에 사냥꾼은 감염되고 이어 다른 사람에게 병을 전염시킬 수 있다. 그리고 미국에서 전원주택이나 여름 휴가철에 지낼 오두막을 짓겠다고 일꾼을 불러 숲의 나무를 베면, 일꾼들과 집 주인 가족은 라임병을 일으키는 진드기를 마주칠 수 있다.

새로 나타나는 감염병 가운데 적어도 70%가 야생 동물에게서 옮겨 온 인수 공통 감염증이다. 오늘날 인간의 활동은 대재앙에 가까운 속도로 자연 생태계를 파괴하고 있다. 여기에는 벌목, 도로 건설, 채굴을 비롯해 목초지와 농장과 집을 만들고 짓기 위해 숲을 개간하는 활동이 포함된다.

2016년 오스트레일리아 퀸즐랜드대학교에서의 연구에 따르면 인류는 자신들의 활용만을 위해 전 지구 동식물의 자연 서식지 절반 이상을 파괴하고 변형시켰다. 전 세계 생태 지역의 거의 절반이 현재 매우 위태로운 상태로 분류되며, 개발로 몸살을 앓는 땅이 보호되는 땅보다 25배 더 넓다. 이렇게 고도로 개간되고 거의 보호되지 못하는 생태 지역이 모든 대륙에서 고루 나타나고 있다. 그중에서도 두드러진 지역은 유럽, 동남아시아, 남서부 아메리카와 북아메리카, 서부 아프리카, 마다가스카르이다.

180종 넘는 과일박쥐가 전 세계 곳곳에 서식한다. 이 박쥐들은 '날아다니는 여우'라 불린다. 과일박쥐는 에볼라 바이러스, 니파 바이러스를 비롯해 이와 비슷한 종류의 바이러스를 퍼뜨려 병을 옮긴다.

해마다 약 1700만 헥타르(남한 면적의 1.5배가 넘는다)의 천연림이 지구상에서 사라지고 있다. 2014년에 에볼라가 크게 유행했던 아프리카 서부는 숲의 벌목과 동물 서식지의 파괴가 대규모로 일어나며 몸살을 앓았다. 기니에서는 열대 우림이 고작 20%만 남았다. 라이베리아는 자기 나라의 숲 절반 이상을 벌목 회사들에 팔아넘겼다. 시에라리온에서는 앞으로 몇 년 안에 천연림이 전부 사라질 것으로 보인다. 자연 서식지가 파괴되고 인간의 쓸

## 박쥐에 대한 기본적인 사실

박쥐는 여러 바이러스를 옮긴다. 그럼에도 이 동물은 먹이 사슬에서 중요한 역할을 한다. 곤충을 먹는 박쥐는 한 시간에 1200마리의 모기를 덥석 잡아채 먹어 치운다. 매일 밤 자기 몸무게와 맞먹는 양의 곤충을 먹는 셈이다. 또한 박쥐들은 벌처럼 꽃을 찾아다니며 꽃꿀과 꽃가루를 먹는 과정에서 수많은 과일과 농작물의 꽃가루를 옮겨 준다. 과일박쥐는 열대 우림의 정원사이기도 하다. 배설물을 통해 무화과, 야자, 카카오의 씨앗을 퍼뜨리기 때문이다. 사람들은 박쥐가 있을 만한 동굴에 들어가지 않음으로써 박쥐를 피한다. 만약 박쥐를 마주친다면 절대 만져서는 안 되고, 되도록 박쥐로부터 멀리 떨어져야 한다. 물론 박쥐도 사람과 마주친다면 그렇게 할 것이다!

모에 맞게 변형되면, 이 서식지에 살던 동물들은 사람들과 더 자주 접촉하게 된다.

## 치명적인 바이러스의 숙주, 박쥐

모기와 진드기만이 병을 옮기는 유일한 동물은 아니다. 박쥐도 사람을 감염시키는 바이러스를 60종 이상 가지고 있는 '보유 숙주'다. 보유 숙주는 병원균에 감염되어 있으나 자기 자신은 질병의 증상을 나타내지 않은 채 살아가면서 다른 사람이나 동물을 감염시킨다. 보유 숙주 동물은 사람이나 다른 동물에 감염이 일어나게 하는 원천이다. 박쥐가 옮기는 바이러스의 대부분은 사람들이 어떤 방식으로든 박쥐의 서식지에 들어가거나 그곳을 파괴했을 때 인간 개체군 안으로 흘러 들어온 것이다.

박쥐는 크기가 다양해서 오스트레일리아의 큰박쥐는 날개 길이가 1.8미터나 되고, 얼굴이 여우와 비슷해 '날여우flying fox'라고도 불린다. 미얀마와 타이에 분포하는 뒤영벌박쥐는 사람의 엄지손톱만 한 크기다. 박쥐는 전체 포유동물의 약 4분의 1을 차지한다. 수적으로 많을 뿐 아니라 행동이나 이동성 측면에서도 바이러스를 퍼뜨리는 데 완벽한 매개체다. 박쥐는 빽빽한 군집을 이루고 생활하기 때문에 바이러스에 감염된 박쥐가 몇 마리만 있어도 수천 마리의 건강한 박쥐에게 바이러스를 퍼뜨릴 수 있다. 그리고 수명이 30년이나 되기 때문에 다른 동물이나 사람에게 바이러스를 퍼뜨릴 시간도 넉넉하다. 박쥐가 옮기는 바이러스 감염병 가운데는 아래와 같이 새로 출현하거나 다시 출현한 병들이 있다. 이런 질병은 인류의 건강을 위협한다.

### 에볼라 출혈열

과학자들은 박쥐가 에볼라 바이러스의 천연 숙주라고 여긴다. 이 바이러스는 치료받지 않은 환자의 80~90%를 사망에 이르게 하는 심각한 출혈열을 일으킨다.

2014~2016년에 서아프리카에서 에볼라 출혈열이 유행한 계기는 기니의 작은 마을에 사는 한 아이가 바이러스에 감염된 박쥐를 만지다가 병에 걸렸고, 자기도 모르는 사이에 가족들에게 퍼뜨리면서부터라고 알려졌다. 에볼라 바이러스는 감염된 환자의 체액을 통해 전파된다. 박쥐는 에볼라 바이러스와 가까운 친척인 마르부르크 바이러스를 실어 날라 전파하기도 한다.

### 사스

박쥐는 사스를 일으키는 코로나 바이러스를 옮긴다. 박쥐는 사향고양이를 물거나, 또는 사향고양이가 먹은 오염된 과일이나 다른 먹이를 통해 바이러스를 퍼뜨린다. 처음 사스에 걸린 사람들은 중국의 야생 동물 시장에서 바이러스에 감염된 사향고양이

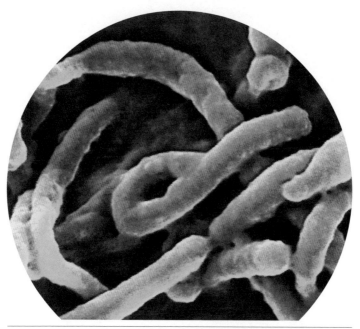

아프리카녹색원숭이의 세포에 있는 독특한 갈고리 모양의 에볼라 바이러스를 보여 주는 전자 현미경 사진.

를 도살하거나 만지는 과정에서 병이 옮았다. 이렇게 감염된 사람들은 기침이나 재채기를 통해 다른 사람에게 사스를 퍼뜨렸다.

당시 과학자들은 박쥐가 인간에게 사스를 직접 옮기는 것은 아닐 것이라 여겼다. 하지만 2013년의 한 연구에 따르면 중국의 관박쥐에게서도 사스 바이러스와 밀접한 관련이 있는 바이러스가 발견되었다. 연구자들은 실험실에서 이 바이러스가 인간 세포에 감염할 수 있다는 사실을 증명했다. 이 연구는 지금 이 순간 중국에 바이러스를 실어 나르는 박쥐들이 사람들을 직접 감염시켜 다시 한 번 사스를 크게 유행시킬 수 있다는 것을 보여 준다.

## 니파 바이러스 감염증

과일박쥐는 니파 바이러스의 보유 숙주다. 이 박쥐는 침, 소변, 대변을 통해 바이러스를 옮긴다. 1999년 말레이시아에서 이 병이 처음 발견되었을 때는 박쥐가 돼지에게 바이러스를 옮겼다. 감염된 돼지 가까이에서 일했던 사람들이 바이러스에 감염되었고 100명 넘게 목숨을 잃었다.

2001년에는 방글라데시 사람들이 야자나무 수액으로 만든 술을 마셨다가 니파 바이러스 감염증에 걸렸다. 과일박쥐는 야자나무 수액을 좋아하는데, 사람들이 수액을 얻으려고 나무에 매달아 놓은 항아리에 들어가 수액을 핥아 먹었기 때문이다. 과학자들은 박쥐가 항아리 안에 고인 수액을 니파 바이러스로 오염시켰다는 사실을 밝혀냈다. 사람들은 바이러스에 오염된 수액으로 술을 만들어 마시는 바람에 감염된 것이다.

나중에 인도와 방글라데시에서 일어난 여러 번의 발병 사례에서 니파 바이러스는 인간에게서 인간으로도 전파된다는 것을 확인했다. 이 바이러스는 감염된 사람 가운데 4분의 3을 죽음에 이르게 한다.

# 메르스 – 인간에게 없던 새로운 코로나 바이러스

2012년, 사우디아라비아의 도시 제다 외곽의 한 헛간에 있던 낙타 아홉 마리 가운데 한 마리가 병을 앓았고 콧물을 흘렸다. 낙타 주인은 낙타에게 도움이 되리라 생각하고 낙타의 콧속에 손가락을 넣어 문지르면서 콧김을 밖으로 널리 퍼뜨렸다.

그 뒤 주인도 곧 콧물이 나고 기침을 하기 시작했다. 5일이 지나 주인은 호흡 곤란을 일으켰다. 지역 병원에서는 그를 제다의 대형 병원으로 이송했고, 그곳 의사들은 심하게 숨을 가쁘게 쉬는 그를 곧바로 중환자실로 옮겼다. 그는 폐렴과 신부전을 일으켰고, 병원에 입원한 지 11일 만에 사망했다. 반면에 낙타는 병에서 회복되었다.

이 남자는 메르스의 인덱스 환자였다. 그를 치료했던 의사 가운데 한 사람인 알리 무함마드 자키Ali Mohamed Zaki는 바이러스를 전문으로 공부한 의사였다. 자키는 환자의 가래 표본을 사우디아라비아 보건부에 보내 H1N1 같은 위험한 독감 바이러스인지 확인하려 했다. 하지만 가래 표본은 그 독감 바이러스에 음성 반응을 보였다.

그 환자가 사망한 뒤로 자키는 계속해서 바이러스의 정체를 조사했다. 여러 번 막다른 골목에 부딪힌 끝에 자키는 그 바이러스가 코로나 바이러스에 속하지만 사스 바이러스는 아니라는 것을 알아냈다. 그건 그 바이러스가 아직까지 발견되지 않은 새로운 인간 코로나 바이러스일 수도 있다는 최초의 증거였다.

자키는 다른 실험실로 표본을 보냈고, 그곳으로부터 그 바이러스가 새로운 유형의 코로나 바이러스라는 사실을 확인했다. 그로써 2012년에 처음 발견되고 나서 거의 1년이 지나 그 바이러스에 새 이름이 붙여졌다. 메르스MERS(중동 호흡기 증후군) 바이러스가 그것이다.

과학자들은 인덱스 환자를 비롯해 그 뒤로 잇달아 발병한 몇몇 환자가 낙타와 밀접하게 접촉했다는 사실을 알아냈다. 살아 있는 낙타의 피와 보관된 낙타 신체 조직 표본을 대상으로 한 2014년의 연구에 따르면, 메르스 바이러스는 1992년 무렵부터 돌기 시작했다.

그리고 2015년 미국 미생물학회가 발표한 논문에서 과학자들은 메르스 바이러스가 약 20년 전 아프리카 동부의 어딘가에서 박쥐에게서 낙타로 옮겨졌을 것이라 추정했다. 이 논문은 또 인간의 활동 범위가 박쥐의 서식지와 점점 겹치면서 박쥐의 코로나 바이러스가 전파되어 발병하는 사례가 앞으로 계속될 것으로 내다봤다. 낙타는 중동과 아프리카의 여러 나라에서 흔한 동물이며 운송에 활용되고 고기와 젖을 제공한다. 이 낙타들이 박쥐의 배설물에 접촉하거나, 바이러스에 감염된 박쥐가 먹은 무화과 같은 과일을 먹으면서 메르스에 걸렸을 것이다.

비록 메르스는 사스만큼 전염성이 높지는 않지만 메르스에

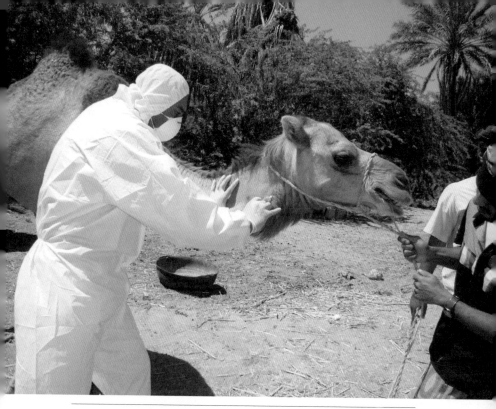

한 수의사가 2014년 예멘에서 처음으로 발견된 메르스의 사례 연구를 위해 낙타에게서 피를 뽑고 있다.

감염된 환자의 30~40%가 사망에 이른다. 여기에 비해 사스의 치사율은 14~15%다. 메르스는 27개국에 퍼졌지만 대부분의 감염 사례는 사우디아라비아에서 나왔다. 메르스에 걸린 사람들에게서는 대부분 열과 기침, 호흡 곤란 같은 증상이 나타났다. 폐렴과 신부전을 보이는 사례도 있었다. 하지만 어떤 사람은 증상이 없거나 약한 감기 정도의 증상을 보였다.

　　당뇨병이나 심장병 같은 질환을 갖고 있는 사람들은 젊고 건강한 사람들에 비해 메르스로 사망할 확률이 더 높았다. WHO에 따르면 2017년 11월까지 2103건의 메르스 사례가 확인되었고, 이 질병이 처음 발견된 이래로 적어도 733명이 사망했다. 사람과 사람 사이의 전파도 증가세였다. 이런 흐름은 전문가들을 걱정시켰는데, 사람 대 사람의 감염이 계속 늘면 더 많은 사람들이 이 치명적인 병에 걸릴 위험이 높아지기 때문이다.

## 에볼라 – 걸리면 거의 죽는 공포의 바이러스

1976년 벨기에 안트베르펜에 자리한 열대의학연구소에 아프리카에서 보낸 혈액 샘플 하나가 도착했다. 그 안에는 지금껏 과학자들이 발견한 것들 가운데 가장 위험한 바이러스가 들어 있었다.

그 피는 자이르(오늘날의 콩고민주공화국)에서 선교 일을 하던 한 벨기에 수녀의 것이었다. 알 수 없는 병으로 수녀와 환자들이 선교사 병원에서 걱정스러울 만큼 빠른 속도로 죽어 가고 있었다. 안트베르펜의 실험실에서 과학자들은 피를 검사했고, 그 안에서 지금껏 본 적이 없는 바이러스를 발견했다. 그들은 전자현미경 아래 보이는 벌레 같은 모습의 바이러스를 마주하고 숨이 멎을 정도로 놀랐다.

그것은 새로 발견된 병인 에볼라 출혈열을 옮기는 바이러스였다. 에볼라 출혈열은 동물에게서 사람으로 전파되는 또 다른

2014년 라이베리아 페인스빌의 에볼라 진료소에서 국경 없는 의사회의 한 회원이 방호복을 입은 채 일하고 있다.

인수 공통 감염증이다. 병이 어떻게 발생했는지 추적하는 과정에서 미국 질병통제예방센터의 조사관들은 선교 책임자가 정글로 휴가를 다녀오면서 죽은 원숭이를 가져왔다는 사실을 알아냈다. 선교 책임자는 곧 심하게 앓았고, 수녀들은 그에게 말라리아약을 주사했다. 하지만 그는 말라리아에 걸린 것이 아니었다. 에볼라 바이러스에 감염되었던 것이다.

아직 아무도 몰랐지만 그 선교 책임자는 에볼라 바이러스를 옮겨 왔다. 그는 얼마 지나지 않아 사망했고, 그의 아내도 사망했다. 장례식에 온 사람들 역시 병에 걸려 사망했다. 장례식에 온 사람들은 죽은 이의 시체를 만지고 입을 맞추는 이 지역의 풍습을 따랐을 것이라 추정되는데, 나중에 밝혀진 바에 따르면 이것은 바이러스가 전파되는 흔한 경로였다. 선교 책임자를 간호하던 사람들이 죽었고, 수녀들은 곧 평소와 달리 많은 임산부와 신생아가 죽고 있다는 사실을 알아차렸다. 의료 물품이 부족했기 때문에 수녀들은 선교 책임자에게 썼던 주사기를 사용해 임산부들에게 태아 비타민 주사를 놓았던 것이다.

1976년에서 2013년 사이 에볼라 바이러스는 아프리카 여기저기에 퍼졌다. 소규모 집단 감염을 연이어 일으켜 2350여 명이 감염되었고, 그 가운데 90%가 죽었다. 그리고 2014년 라이베리아, 기니, 시에라리온 같은 서아프리카 국가에서 이 병이 유행했을 때에는 피해가 훨씬 컸다. 2013년 12월 말에서 2016년 3월까지 대략 2만 8650명이 에볼라 출혈열에 걸렸다. 그 가운데 1만 1325명이 사망했다.

연구자들이 바이러스의 원천을 추적한 결과, 기니 남부 지방의 작은 마을 멜리안두에 사는 에밀이라는 남자아이로 밝혀졌다. 이 아이가 감염병이 된 에볼라 출혈열의 인덱스 환자였다. 연구자들은 에밀이 집 근처 밀림 속 나무에 살던 박쥐를 데리고 놀았는데, 그 박쥐가 에볼라 바이러스에 감염되어 있다가 에밀에게 바이러스를 옮겼다고 본다. 에밀은 곧 사망했고, 임신 중이었던 에밀의 어머니도 뒤이어 숨을 거뒀다. 그리고 에밀의 누나와 병을 앓는 아이들을 간호하던 할머니도 사망했다.

에볼라 출혈열은 기니에서 이웃 국가인 시에라리온과 라이베리아로 빠르게 퍼졌다. 국제 인도주의 의료 구호 단체인 '국경없는 의사회'는 2014년 4월에 위험을 감지하고 전 세계에 이 병이 유행할 것이라 경고하려 했다.

그러나 결국 2014년 8월, 당시 WHO의 사무총장이던 마거릿 챈이 다음과 같이 발표한 다음에야 세계는 위험성을 깨달았다. "나는 현재 에볼라 출혈열의 유행을 국제적으로 신경 써야 할 공공 보건의 위급 상황이라 선언합니다. 이 집단 발병은 지난 40년 동안의 진행 과정으로 보아 가장 대규모적이고 가장 심각하며 복합적입니다."

에볼라 출혈열의 잠복기는 짧게는 2일에서 길게는 21일까지다. 환자들은 증상이 나타난 다음에야 병을 옮길 수 있다. 이 병은 약 2주 동안 전형적으로 다음과 같이 진행된다.

- 감염되고 첫 2일 동안 환자들은 고열과 몸살, 피로감을 겪는다.
- 3일에서 10일 사이에 환자들은 복통과 메스꺼움, 구토를 보인다. 물기 많은 설사로 몸에서 수분이 죄다 빠져나갈 수도 있다. 또 뼈나 가슴, 배가 아프기도 한다.

- 에볼라 출혈열로 사망하는 사람들은 대부분 7일에서 12일 사이에 쇼크에 빠지면서 숨을 거둔다. 몸의 혈관에서 체액이 새어 나오며 신장과 간이 기능을 멈추기도 한다. 이 병은 출혈성 질환이라 환자들은 구토와 설사를 통해 다량의 출혈을 하고 내부 장기에서도 출혈이 발생한다.
- 감염된 날로부터 13일을 넘기면 대부분 생존하는데, 면역계가 감염증에 대항해 싸울 만큼 회복되기 때문이다.

에볼라 출혈열 환자가 병을 앓거나 사망한 이후 몸에서 나온 모든 체액은 전염성이 매우 강하다. 사실 많은 사람들이 장례식에서 환자의 시신과 접촉하며 바이러스에 감염되었다. 가족과 친구들은 환자의 시신에 입을 맞추거나 손으로 쓰다듬곤 하는데, 그러면 그들 역시 병에 걸릴 위험이 무척 높아진다.

에볼라 출혈열의 유행이 점차 심해지자 전 세계 보건 의료인 수천 명이 서아프리카로 쏟아져 들어와 심각한 환자들을 돌보기 위해 병원과 진료소를 지었다. 에볼라 바이러스 감염을 치료하는 분명한 치료법이 없는 상황에서 의사들은 정맥 주사로 환자들에게 수분을 공급했다. 그리고 열을 떨어뜨리고 심장과 폐의 기능을 도울 약을 처방했다. 무엇보다 의사들은 환자들을 격리하고, 보건 의료진과 지역 사회 주민들에게 장갑과 마스크, 보호복을 착용하며 표백제와 물로 손을 잘 씻으라고 일러 주었다.

이후 이 병은 미국에 상륙했고, 미국의 병원에서는 10명의 에볼라 출혈열 환자를 치료했다. 대부분은 에볼라 환자들을 보살피다가 병에 걸린 의료진이었다.

라이베리아 출신의 한 남성은 에볼라 바이러스에 감염된 채 미국에 사는 가족을 방문했다. 병원에서 이 남성을 보살폈던 간호사 2명도 병에 걸렸다. 미국의 보건 의료진과 병원에서는 재빨리 에볼라 출혈열 환자를 치료하는 방법을 훈련받고, 어떻게 처리해야 할지 방안을 세웠다.

2017년 5월 콩고민주공화국에서 8명이 에볼라 출혈열 증세를 보였고, 그 가운데 4명이 죽었다. 하지만 이 나라는 준비가 되어 있지 않았고, 치료 역시 제한적이었으며, 개발 준비 단계인 새 백신을 환자에게 사용하려면 임상 시험을 거쳐야 했다. 에볼라 출혈열을 처음부터 끝까지 지켜본 과학자들은 환자들을 제대로 분리하고, 접촉 경로를 추적해 누가 환자들과 접촉했는지 알아내고, 접촉자들을 신속히 격리하는 것이 이 발병 사태를 진정으로 제어할 수 있는 지름길이라고 지적했다. 다행히 2017년 7월, WHO는 콩고민주공화국에서 에볼라 출혈열 집단 발병이 종식되었다고 선언했다.

# 베네수엘라의 말라리아 광산

2015년, 스무 살의 청년 호세 게바라는 대학을 떠나 베네수엘라의 외딴 정글에 있는 금광으로 일하러 갔다. 이 금광 개발로 정글에는 움푹 파인 웅덩이가 생겼고, 그 안에 물이 고이게 됐다. 여기에는 금뿐만 아니라 독성 물질인 수은과 말라리아를 옮기는 모기도 있었다. 베네수엘라는 당시 주된 수출품인 석유의 가격이 크게 떨어지면서 심각한 경제 위기를 겪고 있었다. 베네수엘라의 많은 가족들이 그랬듯 게바라 가족도 몹시 궁핍했다. 정글 속 금광에서 일하는 것은 위험하기도 하고 불법이었다. 그렇지만 일주일만 일하면 웬만한 도시 노동자의 평균 한 달 임금과 맞먹는 돈을 벌 수 있었다. 게바라 역시 2주 만에 500달러어치의 금을 캐냈다. 하지만 다른 광부들과 마찬가지로 게바라는 말라리아에 걸렸다.

게바라를 비롯해 말라리아에 감염된 광부들은 혈액 속에 바이러스를 지닌 채 고향으로 돌아왔고, 베네수엘라 전역에서 도시 모기들은 이 말라리아를 실어 나르는 매개체가 되었다. 말라리아는 순식간에 베네수엘라의 전 도시를 집어삼켰다. 2016년에 베네수엘라의 말라리아 확진자 수는 약 24만 명에 이르렀는데 전해에 비해 76% 증가한 수였다. 영국 공영 방송 BBC는 베네수엘라에 불법 금 채굴이 유행하면서 많은 사람들이 열대 우림을 파괴하고 금을 얻느라 물웅덩이를 만들고 있다고 보도했다. 그렇게 해서 사람들은 말라리아를 옮기는 모기와 접촉하게 되었다. 이 지역 주민들은 금 채굴 작업이 환경을 망치고 모기들을 화나게 만들었다고 말했다.

2017년 가을, 베네수엘라는 국민 대다수가 극심한 가난으로 내몰려 국가가 붕괴될 지경에 이르렀다. 약품이나 방충망, 살충제를 살 돈이 없어 한때 거의 사라졌던 말라리아가 다시 들끓게 되었다. WHO는 2010년에서 2015년 사이에 전 세계적으로 말라리아로 인한 사망자 수가 62%로 크게 줄었다고 추정했지만, 베네수엘라에서는 시간이 거꾸로 가는 셈이었다.

열여덟 살인 엔데르 모레노는 열 살부터 베네수엘라의 금광에서 일했다. 모레노는 금광에서 일하면 건강이 나빠진다는 사실을 알지만 그래도 죽을 때까지 계속 일할 것이라고 말한다. 돈을 벌어야 가난한 가족에게 보탬이 되기 때문이다.

# 이 질병이 다음번 팬데믹이 될까?

메르스가 다음번 팬데믹이 될까? 그럴 가능성이 있다. 만약 사람에게 더욱 쉽게 전파되도록 메르스 바이러스가 변이한다면, 훨씬 빠르게 퍼져 나가 사스보다 더 많은 사망자를 낼 수 있다. 그리고 대부분의 바이러스성 질병이 그렇듯이 메르스를 치료하는 분명한 치료법도 없는 상황이다. 2012년부터 미국의 비영리 연구 기관인 사빈백신연구소에서는 사스나 메르스 같은 코로나 바이러스성 질병을 예방하기 위한 백신을 만들고자 노력하고 있다.

에볼라 출혈열이 다음번 팬데믹이 될까? 아마 그렇지 않을 것이다. 그동안 격리나 접촉 경로 추적 같은 의료와 공중 보건 조치가 개선되어 이 병의 유행은 끝났다. 2016년 하반기에는 에볼라 출혈열을 예방하는 백신이 이 병을 막는 데 무척 효과적이라는 사실이 증명되었다. 백신을 제대로 시험하려면 감염된 유기체가 돌아다니는 실제 현장에서 사용해 봐야 한다. 하지만 에볼라 바이러스는 보통 개체군 안에서 여기저기 돌아다니지 않는다. 그대신 주기적으로 어떤 동물에게서 사람에게로 옮겨진다. 2019년 유럽과 미국에서 최초의 에볼라 백신 제품이 승인되었고, 에볼라 출혈열 발병 지역에서 질병의 확산을 막기 위해 의료인과 감염 위험이 높은 사람들에게 접종이 권장된다.

# 5 장

# 인구 밀집과 전쟁

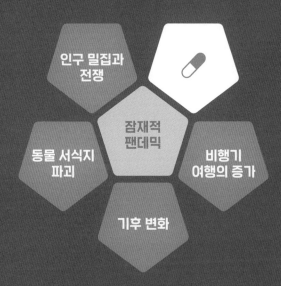

인구 밀집과
전쟁

잠재적
팬데믹

동물 서식지
파괴

비행기
여행의 증가

기후 변화

사람이 이동하기 쉽게 되면서 우리는 이전보다 더 감염병에 취약해졌다. 우리는 예
전에 비해 인구가 점점 더 밀집한 도시에 산다. 이것은 바이러스에게는 환상적인 조
건인데, 언제든 수십만 명을 감염시킬 수 있기 때문이다.

-페터르 피오트(Peter Piot), 영국 런던 위생·열대의학대학원 원장, 2017년

전 세계적으로 1초마다 4.3명의 아기가 태어나고 1.8명이 사망한다. 결국 우리 행성에서는 매 순간 매초 2.5명이 늘어나는 셈이다. 이 말은 매일 지구의 인구가 20만 명씩 증가한다는 뜻이기도 하다.

2019년, 전 세계 인구는 약 77억 명에 이르렀다. 유엔의 전문가들은 2030년까지는 86억 명, 2050년까지는 98억 명이 될 것이라 내다본다. 이런 인구 증가는 대부분 아프리카와 아시아에서 일어날 것이다. 인구가 늘면서 거대 도시도 마구 늘어날 것이다. 거대 도시란 인구가 1000만 명 이상인 도시로, 전 세계에 이

수많은 사람들로 붐비는 인도 델리의 한 시장. 2016년에 델리의 인구는 1860만 명으로 추정되었고, 2030년까지 3600만 명으로 늘어날 것이라 예상된다. 2015년에 델리 일부 지역에서 뎅기열이 돌자 1만 5700명이 병에 걸렸고, 이 도시의 병원은 미어터졌다.

미 28곳이 존재한다. 그 가운데는 일본 도쿄, 인도네시아 자카르타, 인도 델리, 대한민국의 서울이 포함된다. 유엔의 예측에 따르면 2030년까지 거대 도시의 수는 41곳으로 늘어날 전망이다.

오늘날 약 10억 명의 인구가 이미 거대 도시의 빈민가에 살고 있다. 이런 곳은 주거 환경이 나쁘고 깨끗한 물이 부족하여 위생 상태가 좋지 않다. 이곳에 사는 사람들은 질병 감염에 끊임없이 노출된다. 유엔의 예측대로 전 세계 인구가 폭발적으로 늘어나면 식량이나 물을 비롯한 필수 자원이 더욱 부족해질 것이다. 의료 물품과 장비가 특히 그렇다. 그러면 질병 발생을 통제하기가 점점 어려워질지도 모른다.

## 질병을 배양하는 도시

사람들이 밀집하면 감염병이 전파되기 쉽다. 사람이 붐비는 환경에서는 병원균이 사람에게서 사람으로 더욱 빨리 퍼진다. 어떤 곳에서는 방 하나에 10명이 생활하기도 하는데, 그러면 한 명이 여러 명을 동시에 감염시키기 쉽다.

인구 밀도가 높은 도시에서는 감염시킬 사람이 많기 때문에 작은 시골 마을에 비해 병원균이 여기저기 돌아다니는 시간이 훨씬 길다. 시골 마을에서는 며칠이나 몇 주 만에 바이러스가 거의 모든 사람을 병들게 하고 더 이상 감염시킬 사람이 없어 차츰 수그러든다. 반면에 똑같은 바이러스가 거대 도시에서는 몇 달 동안 수백만 명의 사람들 사이에서 돌아다니고, 계속해서 감염시킬 새로운 희생자를 찾아다닌다. 그러는 동안 바이러스는 더욱 위험한 유형으로 변이를 일으키기도 한다. 그 결과 수많은 사람들이 다른 사람을 감염시키고, 병은 더욱 널리 퍼진다.

거대 도시는 질병을 배양하는 인큐베이터이며, 짧은 시간에 엄청난 사람들을 병원균에 노출시킨다. 게다가 그 병원균이 새로 나타난 것이고 인구 집단이 면역력이 없으면 결과는 대재앙에 가까울 수 있다. '노 모어 에피데믹스' 캠페인에 관련된 전문가들에 따르면, 전염성이 높은 새로운 병원균은 전 세계의 인구 밀도가 높은 도시에서 무척 빠르게 퍼진다. 200일 안에 3300만 명 이상이 사망할 수도 있다.

인구가 많은 도시는 그들만의 생태계를 만든다. 도시에는 사람과 콘크리트 건물, 어두운색의 아스팔트처럼 열을 방출하고 흡수하는 요소들이 많다. 이것은 대도시의 기온을 더 높이는 원인이 된다. 반면에 교외 지역은 공간이 탁 트여 있고 콘크리트 건물이 적어 열 방출도 덜해 시원한 편이다. 거대 도시의 기온이 올라가면 인수 공통 감염증이 더 많이 퍼지는데, 특히 모기가 옮기는 병이 그렇다. 모기는 따뜻하고 인구가 밀집한 도시에서 번성하기 때문이다.

2015년 미국 의학연구소의 보고서에 따르면, 인간의 거주지 주변에 서식하는 숲모기류는 뎅기열을 일으키는 바이러스를 비롯해 다른 바이러스와 관련이 있다. 이것은 밀집한 인구, 열악한 위생 상태, 빈곤이 질병 전파에 이상적인 환경이라는 뜻이다. 예를 들어 2015년에 지카 바이러스는 브라질에 상륙해 숲모기에 자리를 잡은 이후, 리우데자네이루에서 인구가 가장 밀집한 빈민가로 빠르게 전파되었다. 도시에 밀집한 인구가 지구 온난화에 따른 따뜻한 기후와 결합하면 이득을 보는 건 병원균뿐이다.

# 전쟁 중에 퍼지는 질병

전쟁은 지역 사회와 교통, 공중 보건 체계를 파괴한다. 사람들은 안전한 곳을 찾아 자기 집을 버리고 달아난다. 폭탄이 병원에 떨어지면 간호사와 의사들이 죽거나 병원에서 다른 곳으로 피신한다. 미국 뉴욕 마운트시나이병원 소아과 의사이자 공중 보건 전문가인 애니 스패로Annie Sparrow는 이렇게 말한다. "전쟁은 감염성 질병을 퍼뜨리는 인큐베이터 가운데 하나죠. 중동과 아프리카에서 벌어진 전쟁은 제2차 세계대전(1939~1945) 이후로 가장 많은 인구를 난민으로 만들었고, 그들이 살던 곳에서 사람들을 쫓아냈습니다. 영양실조에 걸린 사람이 수천만 명에 이르고, 이들은 새로 출현하거나 원래 존재하던 병원균에 무척 쉽게 감염됩니다."

2016년의 유엔 보고에 따르면 전쟁과 종교적 박해로 2015년 한 해에만 6530만 명이라는 엄청나게 많은 사람들이 고향에서 쫓겨났는데, 그 가운데 절반 이상이 어린이였다. 여기에는 난민(전쟁과 종교적 박해, 자연재해를 피해 고향을 떠난 사람들)과 망명 신청자(자신의 신념 때문에 정치적 탄압을 받아 자기 나라를 떠나 안전한 외국으로 가고자 하는 사람들)가 포함된다. 그뿐만 아니라 국내 실향민(폭력 사태나 전쟁을 피해 자신의 터전을 버리고 국내의 다른 지역으로 도망가 머무르는 사람들)도 포함된다. 2015년에는 난민의 절반가량이 시리아, 아프가니스탄, 소말리아에서 벌어지는 전쟁을 피해 도망쳤다. 이들 가운데 상당수가 대규모 난민 캠프를 찾았다. 우간다, 케냐, 남수단, 요르단에는 전 세계에서도 손꼽히는 커다란 난민 캠프가 있다. 이곳은 사람들로 붐비며 많은 사람들이 한 텐트 안에서 생활하거나 생활공간을 함께 쓴다. 위생 설비와 보건 의료 서비스도 제한적일 수밖에 없다. 이처럼 인구 밀집은 전쟁 중에도 질병이 전파되는 위험 요인이다.

사람들이 붐비는 난민 캠프에서 지내다 보면 집단 전체가 내성이 없는 병에 노출될 수도 있다. 유럽 질병예방통제센터에 따르면 난민들은 홍역, 수두, 소아마비, 디프테리아, 수막염성 질병(위험한 유형의 세균성 뇌염과 수막염), 파상풍, 독감같이 백신으로 예방 가능한 질병에 특히 취약하다. 예를 들어 시리아와 수단에 있는, 인구가 밀집한 난민 캠프에서 소아마비와 홍역 환자가 폭발적으로 늘었다. 대규모 난민 캠프라는 조건은 콜레라와 폐결핵(기침과 재채기로 방출된 작은 침방울로 사람에게서 사람으로 전파되는 세균성 폐 감염증)의 확산으로 이어질 수도 있다.

난민들이 이런 질병에 걸릴 위험이 높은 이유는, 전쟁으로 황폐해진 자기네 나라에서는 백신을 포함해 통상적인 보건 의료 서비스를 받기가 어렵기 때문이다. 난민 캠프의 의료진은 수가 얼마 되지 않고 재정 지원도 충분히 받지 못하는 경우가 많다. 그래서 백신이나 의약품 같은 물자를 얻기 힘들다. 또 필요한 물자를 실어 나르는 교통수단이 난민 캠프에 가까이 가지 못하거나, 목적지에 닿기 전에 물품이 파괴되고 도둑을 맞기도 한다.

동아프리카에서 온 24만 5000여 명의 난민과 망명 신청자들을 받아들인 케냐의 다다브 난민 캠프. 4개의 동으로 이뤄져 있고, 캠프 내부는 인구가 밀집해 있다. 깨끗한 물과 식량이 부족하고 위생 상태가 나빠 많은 사람들이 질병에 시달린다.

가끔은 질병을 퍼뜨리는 것이 전쟁을 승리로 이끌기 위한 전략이기도 하다. 예를 들어 시리아에서는 2011년 이후로 지독한 내전이 계속되었다. 그러는 동안 인권 침해를 조사하는 과학자와 의사들의 단체인 미국의 '인권을 위한 의사 모임'이 시리아에서 질병을 무기로 이용한 실상을 조사했다. 이 단체에 따르면 시리아 정부는 정부에 반기를 든 지역의 병원과 보건 시설을 일부러 폭파했다. 게다가 정부는 물 여과 처리나 위생 설비에 꼭 필요한 화학 약품과 백신을 의도적으로 이 지역에 공급하지 않았다. 이 때문에 내전 지역에서는 감염병이 대규모로 집단 발병했다. 병에 걸린 상태로 난민 캠프에서 도망친 사람들이 또 다른 사람들에게 병을 퍼뜨리기도 했다. 하지만 시리아 정부는 자신들이 공중 보건의 대재앙을 일으켰다는 사실을 인정하지 않았다.

## 시리아의 소아마비 - 전쟁과 정치가 얽힌 문제

시리아는 1995년에 소아마비가 근절되었다고 선언했다. 하지만 이 지역에서 여러 해에 걸쳐 내전이 벌어지면서 2013년에 소아마비가 다시 발생했다. 시리아 정부는 2010년에 99%의 시리아 어린이들이 소아마비 백신을 맞았다고 밝혔다. 하지만 2017년, 중동에서 벌어지는 사건을 보도하는 온라인 뉴스 서비스인 〈중동의 눈Middle East Eye〉에 실린 한 기사에서, 애니 스패로는 내전이 일어나기 전에 높은 비율로 백신 접종을 실시했다는 시리아 정부의 주장은 의학적으로 불가능하다고 말했다.

　　소아마비를 비롯해 몇몇 질병의 전파는 해당 지역에 집단 면역이 존재하는지의 여부에 달려 있다. 집단 면역은 감염이나 예방 접종을 통해 집단의 상당 부분이 전염병에 면역을 가진 상태가 되어 전염병으로부터 간접적인 보호를 받는 상태를 말한다. 만약 85% 이상의 인구가 소아마비 백신을 맞았다면, 백신을 맞지 않은 사람들도 안전한 경우가 많다. 주변 사람들이 그 병에 걸리거나 병을 전파하지 않기 때문이다. 다른 몇몇 질병은 집단이 안전해지기 위해 필요한 접종자의 비율이 이보다 높을 수도 있고 낮을 수도 있다. 예컨대 홍역은 전염성이 매우 높기 때문에 주변 사람들로부터 보호받으려면 95%의 인구가 접종을 받아야 한다.

애니 스패로에 따르면 어떤 질병의 집단 면역이 무너지고 다시 전파되려면 여러 해가 걸린다. 소아마비 백신은 한 번 맞으면 평생 면역이 생기기 때문에, 정말 2010년에 99%의 시리아 어린이가 백신을 맞았다면 2013년에 소아마비가 다시 발병하는 일은 없었을 것이다. 스패로는 소아마비 환자가 새로 발생한 지역은 시리아 정부를 지지하지 않는 곳뿐이었다고 밝혔다. 다시 말해 정권을 지지하는 지역에 사는 어린이들만 백신을 맞았다는 것이다.

2013년 7월 소아마비가 다시 발병했을 때, 시리아 보건 당국은 이 사실을 몇 달 동안 부인했다. 그리고 만약 소아마비가 발생했다면 감염병을 감지하기 위해 만들어진 WHO의 조기 경보 대응 체계에 의해 그 사실이 발견되었을 것이라 주장했다. 그러다가 2013년 10월이 되어서 심각한 장애를 얻은 어린이의 혈액 표본이 시리아 외부로 빼돌려져 검사를 받게 된 뒤에야 시리아 정부와 WHO는 시리아에 소아마비가 다시 발생했다고 인정했다. 그에 따라 터키 정부와 미국 질병통제예방센터가 지원하는 한 국

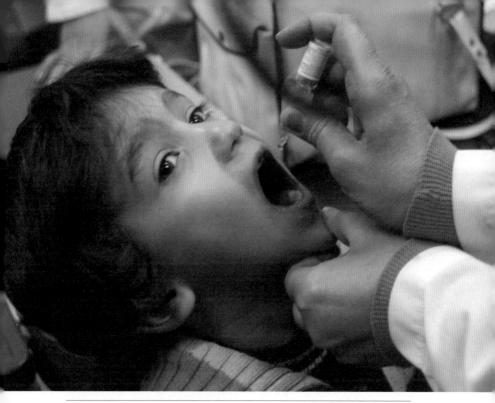

시리아 어린이 한 명이 2013년 11월 시리아 다마스쿠스의 한 병원에서 소아마비 백신을 맞고 있다. 그 해 10월 소아마비가 집단 발병했다는 사실이 확인된 후 WHO와 시리아 정부는 100만 명 넘는 시리아 어린이들에게 소아마비, 유행성 이하선염, 홍역, 풍진 백신을 맞히겠다는 계획을 발표했다.

제 보건 단체가 시리아 정부의 손길이 닿지 않는 지역의 어린이 140만 명에게 소아마비 백신을 접종했다.

〈중동의 눈〉에 올린 기사를 통해 스페로는 WHO가 시리아 정부의 의료적 악행을 못 본 척했다기보다는 적극적으로 가담했다고 주장했다. 덧붙여 시리아 정부의 이런 악행은 소아마비 발병에서 그친 게 아니라, 시리아 정부를 지지하지 않는 지역의 물자 보급을 가로막고 병원과 진료소에 일부러 폭탄을 떨어뜨리는 것으로까지 이어졌다고 말했다. 스패로의 이런 고발에 대해, WHO는 시리아의 소아마비 문제에 조기 경보 대응 체계로 발병을 빠르게 탐지하고 전국적으로 대응하도록 지원했으며, 2013년에 소아마비의 전파를 탐지하고 재빨리 병을 뿌리 뽑는 데도 이 체계가 활용되었다고 반박했다.

그러나 스패로는 시리아에서 소아마비가 다시 발병한 데에는 WHO도 책임이 있다고 지속적으로 주장했다. 또 'WHO와 유니세프UNICEF(유엔아동기금)가 힘을 합쳐 노력한 덕분에 소아마비가 다시 한 번 근절되었다'는 WHO의 시리아 담당자 엘리자베스 호프의 선언은 거짓이고, 존재하지 않는 공적을 자기들이 차지하는 터무니없는 주장이라고 비난했다. 스패로는 시리아 정부도 WHO의 조기 경보 대응 체계도 소아마비의 발병을 알아채지 못했으며, 그들은 100만 명 넘는 어린이들에게 백신을 접종해 준 단체도 아니라고 밝혔다. 오히려 독립적으로 활동하는 시리아의 보건 단체와 터키 정부가 협력해 소아마비의 발병을 통제하도록 애썼으며, 이들은 WHO나 시리아 정부의 도움을 받지 못했다고 말했다. 전쟁과 정치가 얽힌 상황에서는 오직 감염병만 득세하게 된다.

# 아이티의 콜레라 – 평화유지군과 함께 온 질병

2010년 1월, 지구상에서 가장 가난한 나라 가운데 하나인 카리브 해 연안 국가 아이티에 엄청난 규모의 지진이 일어났다. 이 나라의 수도인 포르토프랭스를 중심으로 발생한 이 강력한 지진은 규모 7.0이었다. 이 정도의 지진이면 견고한 벽돌 건물이 심각하게 파괴되고, 교량이 무너지며 철로가 휜다. 그 결과 22만 명 내지 31만 6000명의 사람이 죽었고, 30만 명이 다쳤으며, 150만 명이 집을 잃었다. 수십만 명이 지진으로 무너진 건물 잔해 위로 내몰렸다. 혼잡하고 열악한 위생 시설로 보건 의료의 대재난 사태를 도저히 피할 수 없게 되었다.

전 세계 사람들이 아이티 사람들을 돕고자 달려왔다. 상당수는 유엔 평화유지군이었다. 평화유지군은 전쟁이나 자연재해를 겪는 지역을 지키고 안정시킨다. 이들은 정치에 관여하거나 경찰을 훈련시키고 군인을 도우며, 난민과 실향민이 고향에 돌아갈 수 있도록 해 준다. 하지만 이번에는 유엔에서 이 일꾼들 말고 다른 것도 도착했다. 군인들을 통해 콜레라가 퍼진 것이다.

2015년 아이티의 한 젊은이가 유엔안전보장이사회에 이런 편지를 보냈다. "저는 장 클레어 데지르입니다. 2010년에 저는 아이티 포르토프랭스의 농과 대학에서 농학을 전공하는 3학년 학생이었습니다. 제 인생의 전부와도 같았던 어머니는 사탕수수로 만든 음료를 팔아 제 학비를 대 주었습니다. 하지만 그해 어느 날

# 바이오테러

바이오테러는 사람들을 병들게 하거나 죽이기 위해 바이러스나 세균을 비롯한 다른 유기체를 일부러 퍼뜨리는 행위다. 인류는 수천 년 전부터 바이오테러를 해 왔는데, 주로 적군의 힘을 약하게 만들고 다른 지역 전체를 정복하기 위해서였다.

1346년으로 거슬러 올라가면 몽골 제국이 유라시아 대륙을 정복하면서 몽골군 안에서 페스트에 걸린 사람의 시신을 카파(오늘날 우크라이나의 페오도시야)에 던져 그곳 주민들에게 일부러 치명적인 질병을 퍼뜨렸다. 또 1710년에는 러시아가 스웨덴 군대와 전쟁을 치르면서 페스트 환자의 시신을 적군에 내던지는 비슷한 전술을 사용했다.

아메리카 대륙의 원주민 영토를 둘러싸고 영국과 프랑스가 벌인 식민지 쟁탈전인 프렌치·인디언 전쟁(1754~1763)에서는, 영국 군인들이 아메리카 원주민 쇼니족과 레나프족을 쓸어 버리기 위해 천연두 환자들이 쓰던 담요를 이들에게 건넸다. 미국에서 남북 전쟁(1861~1865)이 터졌을 때는 남군 측의 민간인들이 황열병과 천연두 환자의 옷을 북군에 팔았다. 그리고 아직 어떤 국가도 공식적으로 인정하지는 않았지만 미국과 러시아를 비롯해 여러 국가들도 제2차 세계대전을 치르던 시기와 그 이후에 생물학적 무기 프로그램을 개발했다.

21세기 들어서도 바이오테러는 인류에게 위협으로 남아 있다. 누군가 유전적으로 변형되어 이미 위험한 유기체를 더욱 치명적으로 만들 수 있다는 가능성 때문에 그 위협은 더 심각해진다. 1998년 러시아 과학자들은 현재의 백신에 저항성을 갖는, 유전적으로 변형된 탄저균을 보유하고 있다는 내용을 발표했다. 아직까지 변형된 탄저균이 무기로 사용된 적은 없는 것으로 보인다. 또 미국 육군은 메릴랜드주 포트 데트릭에 자리한 감염병 연구소에서 바이오테러에 대한 독자적인 연구를 하고 있다. 그들은 이곳에서 방어적인 목적으로만 연구하고 있을 뿐이라고 밝혔다.

미국 질병통계예방센터가 운영하는 바이오테러 정보 제공 웹사이트에서는 잠재적인 바이오테러 공격에 활용될 유기체들에 대해 설명하고, 바이오테러 긴급 상황에 대비해 어떻게 대응해야 할지 논의하는 전문가들을 위한 정보를 싣고 있다. WHO에 따르면 바이오테러 공격에 사용될 위험이 높은 병원균은 탄저균, 보툴리누스균, 페스트균, 천연두 바이러스다. 그 밖에 콜레라, 에볼라를 일으키는 병원균과 식중독을 일으키는 여러 세균 또한 바이오테러에 사용될 수 있다.

밤 11시부터 어머니는 콜레라 증상을 보였습니다. 설사와 함께 구토를 하셨죠. 저는 어머니에게 물을 끊임없이 마시게 했지만 아무 소용 없었습니다. 그러다가 새벽 3시에 어머니는 숨을 거뒀습니다. 어머니의 장례식이 끝나고 4일이 지나 저는 투표소에서 자원봉사를 했습니다. 그때 선거 부스에 놓여 있던 평화유지군의 파란색 헬멧을 집어 들어 다른 곳으로 옮겼어요. 2시간쯤 지나면서부터 저는 투표소에서 콜레라 증상을 보였습니다." 데지르의 어머니는 2010년 대규모 지진 이후 아이티에서 콜레라로 사망한 77만 명 가운데 한 사람이었다. 다행히 데지르는 정맥 주사를 맞고 콜레라에서 회복되었다.

콜레라를 일으키는 세균은 콜레라균이다. 이 병은 200년 전 인도 동쪽 벵골만을 둘러싸고 있는 몇몇 나라에서 처음으로 모습을 드러냈다. 그 뒤로 콜레라는 엄청나게 많은 사람을 죽음으로 몰았다. WHO에 따르면 콜레라는 매년 전 세계에서 400만 명을 병들게 하고, 14만 3000명의 목숨을 빼앗는다. 콜레라는 인구가 밀집하고 비위생적인 환경에서 발생하기 쉽다. 치료를 제때 받지 못하면 콜레라 환자는 설사에 따른 심한 탈수 현상으로 몇 시간 안에 죽을 수 있다. 콜레라의 가장 흔한 감염 경로는 배설물로 인한 오염이다. 오염된 물을 마시거나 콜레라균에 감염된 사람이 화장실을 사용하고 나서 손을 제대로 씻지 않았을 때 전염이 일어난다.

2011년 1월 아이티 포르토프랭스 교외에서 국경 없는 의사회 소속의 한 의사가 콜레라 환자를 진찰하고 있다. 그즈음 국경 없는 의사회는 아이티 전역의 치료소 47곳에서 9만 1000명의 콜레라 환자를 치료했다.

아이티에서는 지난 150년 동안 콜레라가 발생하지 않았기 때문에 아이티 사람들은 콜레라에 대한 자연 면역력이 없었다. 그런데 유엔 평화유지군이 아이티에 도착하고 얼마 되지 않아 아이티 사람들이 콜레라 증상을 보이면서 사망하기 시작했던 것이다. 포르토프랭스에서 97킬로미터 떨어진 곳에 있는 유엔 캠프에서 나온 하수가 강에 버려지고 있었는데, 며칠 지나지 않아 강 하류에 사는 주민 수백 명이 오염된 물을 마시고 콜레라에 걸렸다. 이 병은 곧 아이티 전체에 퍼졌고, 수많은 아이티 사람들을 감염시켰으며 죽음에 이르게 했다.

유엔에서는 한동안 평화유지군이 콜레라 발병에 책임이 있다는 사실을 부인했다. 하지만 조사가 이뤄지면서 유엔 평화유지군이 병의 원인을 제공했다는 사실이 확실히 드러났다. 미국의 터프츠대학교 환경공학자 다니엘 랭텐Daniele Lantagne은 콜레라의 원인이 한 명 또는 여러 명의 평화유지군이었다는 것에 과학적인 합의가 있었다고 말했다. 덧붙여서 DNA 분석 결과가 강하게 암시하는 것은 이 콜레라가 한 명 또는 극소수의 무증상 개인들에게서 시작되었다는 것이며, 본인도 그렇게 짐작하는 사람 중의 하나라고 했다.

2016년에는 반기문 유엔 사무총장이 퇴임하기 직전 다음과 같이 정식으로 사과했다. "유엔을 대표해서 저는 다음과 같이 명료하게 밝히고자 합니다. 우리는 아이티 국민들에게 사과를 전합니다. 우리는 아이티에서 일어난 콜레라 발병과 그 전파에 제대로 대처하지 못했습니다. 이 일은 유엔과 아이티 국민 사이에 그늘을 드리웠습니다."

2010년 이후로 콜레라는 아이티에서 최소 80만 명을 병들게 했고, 거의 1만 명을 죽음에 이르게 했다. 그리고 콜레라는 매년 수천 명의 아이티 사람들을 계속 감염시키는 중이다. 2013년에는 아이티 정부가 주도하는 최초의 백신 접종 캠페인이 이뤄졌지만 큰 성공을 거두지 못했다. 그럼에도 2016년에 허리케인 매슈가 아이티를 덮친 뒤 콜레라 환자가 크게 늘어나자, 아이티는 80만 명에게 예방 접종을 하자는 대대적인 캠페인을 벌였다. 그리고 유엔이 유엔 가입 국가들을 대상으로 아이티 콜레라 희생자를 돕기 위한 기금 4억 달러를 모으려 했지만, 돈을 기부한 나라는 소수에 불과했다. 2017년 미국의 한 외교 전문지 기사에 따르면 미국 트럼프 정부는 이런 목적으로는 결코 지갑을 열지 않을 것이다.

## 이 질병이 다음번 팬데믹이 될까?

콜레라가 다음번 팬데믹이 될까? 아마 그렇지 않을 것이다. 아이티에서 벌어진 것과 같은 대규모 집단 발병이 보건이 취약한 다른 나라에서도 일어날 수 있지만, 전 세계 많은 나라들은 위생 상태가 개선되었기 때문에 세균에 노출되는 사람의 수가 매우 적다. 콜레라는 경구 백신(입으로 투여하는 백신)으로 예방 가능하며 정맥 주사와 항생제로 치료할 수 있다.

# 6 장

# 진화하는 슈퍼버그

우리는 긴급한 조치를 취하지 않은 채 항생제 이후 시대(post-antibiotin era)―어떠한 항생제로도 치료가 안 되는 세균과 마주하는 시대―를 향해 나아가는 중이다. 이런 시대에는 흔한 감염병이나 대수롭지 않은 상처도 또다시 치명적일 수 있다.

―세계보건기구(WHO), 2016년

**19**41년, 영국 옥스퍼드의 한 병원 침대에 15세 소년 아서 존스가 열에 시달려 몸을 떨며 움츠리고 누워 있었다. 아서는 대퇴골에 철심을 박는 외과 수술을 받고 나서 심각한 감염증을 보였다. 의사들은 '페니실린'*이라는 실험적인 항생제를 투여하기로 결정했다. 당시 이 약은 막 개발되어 전 세계적으로 양이 얼마 되지 않았다. 옥스퍼드대학교의 과학자들이 페니실린을 개발하고 있었고, 제조하는 데 시일이 좀 걸렸다. 이들은 7개

***페니실린**: 세균의 성장을 억제하는 항균 물질. 1928년 알렉산더 플레밍에 의해 발견되었고, 1939년 플로리와 체인에 의해 정제되었다. 1941년 최초로 인간에 투여하였으며, 1943년 상용화에 성공하였다. 이 공로로 1945년 플레밍은 플로리, 체인과 함께 노벨 생리의학상을 받았다.

1946년 영국 리버풀의 한 실험실에서 두 명의 여성이 일하고 있다. 이 실험실은 당시 전 세계에서 페니실린을 가장 많이 생산했다. 1940년대에 이곳은 젊은 여성 여섯 명을 고용했는데, 나중에 '페니실린 걸스(Penicillin Girls)'라고 불린 이 여성들은 초기 실험용 페니실린의 생산을 도왔다. 제2차 세계대전 때 페니실린은 군인들을 치료할 목적으로 널리 사용되었고, 당시 수많은 여성들이 전쟁의 승리를 위해 과학과 기술 분야에서 일했다.

월 동안 약을 생산했고, 이제 환자들을 대상으로 시험하는 중이었다. 과학자들은 의사들과 협력해 환자에게 약을 투여했다.

세균 감염증으로 페니실린을 복용한 첫 번째 환자는 43세의 앨버트 알렉산더였다. 알렉산더는 자기 집 정원에서 일하다가 장미 가시에 얼굴이 긁혔다. 감염균이 두피와 눈, 폐까지 퍼졌고, 상처에서 고름이 흘러나왔다. 세계 최초의 항생제인 술파제로도 치료가 되지 않았다. 그러다가 의사들은 1941년 2월에 페니실린을 정맥 주사로 8번 투여했다. 대부분의 페니실린은 신장에서 자연적으로 소변을 통해 배설되었다. 하지만 당시 페니실린이 부족했기 때문에 의사들은 알렉산더의 소변을 모아 실험실로 보냈고, 실험실에서는 페니실린을 걸러 내 다시 환자에게 투여할 수 있도록 했다. 알렉산더는 5일 동안 페니실린을 투여받았고, 그 결과 몸 상태가 꽤 좋아졌다. 알렉산더가 건강을 회복하자 의사들은 알렉산더의 소변에서 거른 것을 포함해 남아 있는 페니실린 전부를 아서에게 투여했다. 아서는 곧 치료되었다. 하지만 알렉산더가 다시 나빠졌다. 알렉산더에게 항생제를 더 투여했더라면 목숨을 살릴 수 있었을 테지만, 남아 있는 약이 없었다. 몇 주 지나지 않아 알렉산더는 숨을 거뒀다. 다행히 아서는 살아났다.

1940년대 중반 들어 항생제를 널리 사용하기 전에는 손가락에 상처가 조금만 나도 치명적인 감염으로 이어질 수 있었다. 녹슨 못에는 파상풍을 일으켜 사망에 이르게 하는 세균이 존재하기도 한다. 또한 수술을 받은 환자가 죽지 않고 살아나더라도 나중에 세균 감염으로 사망할 수도 있었다. 디프테리아나 성홍열 같은 세균성 질병은 학교에 입학하기 전 연령대의 어린이들을 종종 죽음으로 몰았다. 결핵은 수만 년 동안 많은 사람들을 죽음에 이르게 했다. 폐렴의 경우에는 노인들이 걸렸다가 사망하는 사례가 많아, 한때는 '노인들의 친구'라는 별명으로 불렸다.

이런 상황에서 병을 일으키는 세균, 즉 병원균을 물리치는 항생제 개발은 현대 의학의 크나큰 성취였다. 페니실린을 비롯한 수십 가지의 항생제가 수백만 명의 목숨을 구했다. 20세기 중반까지는, 항생제와 백신 접종, 깨끗한 식수, 위생의 개선 덕분에 전 세계 인류 모두가 질병에서 완전히 벗어나는 세상이 올 것만 같았다. 오스트레일리아의 의사이자 바이러스학자로, 후천성 면역 내성을 발견한 공로로 1960년 노벨 생리의학상을 수상한 프랭크 맥팔레인 버넷Frank Macfarlane Burnet은 1962년에 이렇게 말했다. "감염병에 대해 기술하는 것은 이제 역사의 뒤안길로 사라진 무언가에 대해 말하는 것이나 다름없습니다." 하지만 이는 시기상조였음이 드러났다.

## 세균은 사라지지 않는다

세균은 과학자들이 예상했던 것보다 훨씬 탄력성(어떤 변화에 대응하는 성질)이 있는 것으로 드러났다. 다시 말해 감염병은 역사의 뒤안길로 사라지지 않았다. 그 대신 병을 일으키는 세균들은 항생제를 견디는 내성이 점점 강해졌다. '슈퍼버그superbug' 또는 '슈퍼박테리아Super bacteria'라고 불리는 이런 세균들은 다루기 어려울 뿐 아니라 죽이기가 거의 불가능한 것도 있다.

예컨대 감염병 전문의 가운데 3분의 2정도가 항생제에 반응하지 않는 감염증에 걸린 환자를 치료한 경험이 있다. 2017년에는 미국의 70대 여성 한 사람이 긴 인도 여행에서 돌아온 뒤 미국에서 승인된 26가지의 모든 항생제에 내성을 가진 감염증으로 사망했다. 이 여성은 인도에서 여러 번 입원하면서 고관절과 대퇴골의 뼈 감염증 치료를 받은 적이 있었다.

WHO에서는 이런 항생제 내성은 전 세계 보건 의료의 큰 위협이라고 말한다. 슈퍼버그 때문에 전 세계적으로 매년 약 70만 명이 사망한다. 전문가들은 2050년에는 슈퍼버그로 사망하는 사람이 전 세계적으로 1000만 명에 이를 것으로 전망하는데, 이것은 암으로 죽는 사람의 수보다 훨씬 많다.

## 항생제는 어떻게 세균에 맞설까?

사람들 사이에 감염이 되는 경로는 대부분 접촉을 통해서다. 세균은 피부의 상처 또는 입과 눈, 코의 점막을 통해 몸속에 들어온다. 임질처럼 성관계로 전파되는 감염증은 생식기를 통해 세균이 침입한다. 오염된 물이나 음식을 통해 세균이 들어오기도 하며, 결핵균처럼 공기로 퍼져 호흡을 통해 감염되기도 한다.

일단 세균이 몸속으로 들어오면 여러 가지 방식으로 인체를 병들게 한다. 세균은 몇 시간 안에 빠르게 증식해 넘쳐나기 시작하며 숙주 세포를 죽인다. 하나의 세균 세포는 1시간 만에 16개[*]가 되고 2시간 만에 250개를 넘어서며, 5시간이면 100만 개가 넘는다. 세균은 인체가 사용할 영양분을 빼앗아 숙주 세포를 죽인다. 세균은 양분을 얻기 위해 숙주 세포를 분해하는 효소를 분비하는데, 이것은 우리 몸이 효소를 만들어 양분을 분해하는 방식과 같다. 또한 세균은 정상적인 성장기에 우리 몸에 해로운 산과 기체를 내보낸다. 몇몇 세균들은 죽을 때 혈액 속에 해로운 내독소(세균 내에 들어 있어 밖으로 분비되지 않는 독소)를 내보내기도 한다. 내독소는 인체에 아주 위험해서 죽음을 유발할 수 있다.

항생제란 세균 세포의 번식 속도를 늦추거나 세균 세포를 완전히 파괴해 감염증을 치료하는 약이다. 항생제는 다음과 같은 몇 가지 방식으로 세균을 공격한다.

- 세균 세포벽이 생성되거나 수리되는 과정을 방해한다. 그러면 튼튼한 세포벽을 만들지 못해 세균이 세포벽을 뚫고 나오면서 죽는다.
- 단백질을 합성하는 등의 세균 세포에 필요한 과정이나 세균의 번식을 방해한다.

---

[*] 세균은 단세포 생물이기 때문에 분열이 곧, 증식(생식)이다. 1개의 세균이 16개가 되는데 1시간(60분) 걸렸다면, 4번의 분열이 일어났다고 계산된다(16<8<4<2<1). 따라서 이 세균은 15분에 1번 분열한다(60분/4회). 1시간에 $2^4$, 2시간에 $2^8$, 5시간에 $2^{20}$(4+4+4+4+4=20)의 수가 된다. 5시간이면 20회 분열이 일어나므로, 계산은 $2^{20}$이 된다. $2^{20}$ = 104만 8576이다. 단, 이 경우는 세균이 분열하는 데 필요한 요소들이 충분히 공급되었을 때이다.

- 세균 DNA의 합성을 방해하거나 DNA 가닥을 파괴해 세균의 번식을 방해한다.
- 세균이 영양분을 흡수하거나 세포벽을 통해 독소를 내보내는 힘을 약화시켜 세균을 죽인다.

## 항생제 내성은 왜 생길까?

항생제 내성은 빨리 생겨날 수 있다. 세균은 어떤 새로운 항생제가 널리 사용되고 나서 몇 년, 빠르면 몇 달 안에 내성을 가지기도 한다. 환자들이 약을 남용할 때 특히 이런 현상이 심해진다. 그러면 환자들은 병이 부분적으로만 낫거나 아예 낫지 못한다. 세균은 적어도 다음과 같은 네 가지 방식으로 항생제에 내성이 있는 유전자를 발달시킬 수 있다.

· **무작위적인 유전자 돌연변이** 세균 세포는 분열하면서 DNA를 복제해 각각의 딸세포가 원래의 유전 물질을 전부 갖도록 한다. 하지만 이때 세포가 실수를 저지르면 돌연변이가 일어난다. 무작위적 돌연변이(자연 상태에서의 돌연변이)는 1개의 세균이 1000만 개 될 때마다 1개가 나오는 확률로 발생한다. 이렇게 말하면 돌연변이가 드문 것처럼 생각될 수도 있지만, 사실은 그렇지 않다. 한 개의 세균 세포가 10시간

만에 10억 개의 딸세포를 만들어 내기 때문이다.* 돌연변이 가운데 일부는 항생제가 세균 세포 안으로 들어오지 못하게 하거나 항생제가 세균 세포에 해를 끼치기 전에 항생제를 세포 밖으로 내보내기도 한다.

- **접합** 접합은 살아 있는 세포와 세포 사이의 접촉을 통해 유전 정보가 전달되는 현상을 말한다. 세균은 같은 종이나 다른 종의 세균과 접합하는 동안 항생제에 내성을 가진 유전자를 전달하기도 한다. 접합 과정에서 한 세균의 선모가 다른 세균에게 뻗쳐 두 세포 사이의 통로를 만들고, 한 세포의 플라스미드가 이중 나선 DNA 가운데 한 가닥을 다른 세포로 이동시킨다. 그러면 두 세포는 각각 DNA를 한 가닥씩 복사하여 완전한 유전 물질을 갖게 된다. 이때 세균이 항생제에 내성을 가진 DNA를 전달하는 경우가 많다. 수백만 번 접합이 일어나면서 이 과정이 반복되면 항생제 내성이라는 형질이 널리 퍼질 것이다. 전부 다는 아니지만, 많은 종류의 세균이 접합을 할 수 있다.

- **형질 전환** 몇몇 세균은 마치 아주 작은 현미경 속 진공청소기같이 다른 종의 세균이나 죽은 세균에 남아 있는 어떤 DNA 조각을 뒤져서 흡수한다. 만약 떠돌아다니는 이런

---

*돌연변이체 발생 확률: 23회 분열할 때 838만 8606마리($2^{23}$)가 되고, 24회 분열할 때 1677만 7216마리($2^{24}$)가 되니, 대략 24회 분열할 때 비로소 돌연변이체 한 마리가 나올 수 있다. 분열 주기를 15분이라고 할 때 6시간 정도에 1개의 돌연변이체가 생기는 것에 해당한다.

DNA 조각에 항생제 내성을 갖는 유전자가 있으면 그 조각을 받아들인 세균 역시 내성을 가질 수 있다.

· **형질 도입** 바이러스가 사람을 감염시키는 것과 마찬가지로 '박테리오파지'라 불리는 바이러스의 한 무리도 다른 세균을 공격해 감염시킨다. 박테리오파지는 세균을 공격하는 과정에서 그 세균이 가지고 있는 항생제 내성 유전자의 사본을 자기 DNA에 더한다. 다른 모든 바이러스와 마찬가지로 박테리오파지는 자기 자신을 여러 번 복제하는데, 각각의 후손 바이러스들은 원래 항생제 내성을 가진 세균에게서 얻은 내성 유전자를 지니게 된다. 그러면 이 후손 박테리오파지들이 다시 다른 세균을 공격하면서 내성 유전자를 그 세균에 옮길 수 있다. 이런 형질 도입 과정에서 동시에 여러 항생제에 내성을 갖는 세균이 탄생한다.

## 항생제 오남용이 문제다

오늘날 사람과 가축은 항생제를 너무 자주 투여받는다. 미국에서는 매일 사람과 가축이 약 51톤의 항생제를 소비한다. 이 가운데 사람이 복용하는 것은 고작 20%에 지나지 않는다. 나머지는 가축에게 쓰인다. 하지만 사람과 가축이 항생제를 많이 쓰면 쓸수록 세균이 그 약에 대한 내성을 발달시킬 기회는 더 많아진다.

소나 닭 같은 식용 가축을 기르는 사람들은 성장을 촉진하고 질병을 막기 위해 먹이나 물에 항생제를 타서 먹이는 일이 많다. 대부분의 가축이 평생 항생제를 투여받는다. 항생제의 이런 오남용은 항생제 내성 세균이 나타나는 데 한몫한다.

항생제는 불필요하거나 올바르지 않게 사용되는 경우가 많다. 예를 들어 항생제는 바이러스가 일으킨 감염증을 낫게 하지 않는다. 그럼에도 사람들은 감기나 독감 같은 바이러스성 질환에 걸리면 무조건 항생제를 요구한다. 의사들은 너무 바쁜 나머지 그런 환자들에게 항생제 처방이 적절한지 아닌지를 제대로 알려줄 시간과 에너지가 없다. 2017년 미국 심리학회에서 발표된 한 연구에 따르면, 의사들은 항생제를 처방받을 것이라 기대하는 환자들에게 항생제를 더 많이 처방했다. 사실 매년 미국인 6명 중 5명이 항생제를 처방받고 있지만, 미국 질병통제예방센터의 추정으로는 그 가운데 3분의 1은 불필요한 처방이다.

또 의사가 항생제를 올바르게 처방했다 해도 환자들이 그대로 복용하지 않는 경우도 많다. 몇몇 사람들은 항생제를 제대로 복용하지 않고 몸이 조금 나은 기분이 들면 곧바로 중단한다. 이 시점은 항생제에 민감한 세균들만 죽은 상태다. 세균 가운데 일부는 아직 살아 있으며 항생제에 내성을 갖게 된다. 약을 처방받은 대로 복용해야 세균을 모두 죽일 수 있다. 만약 환자가 복용해야 할 약을 전부 먹지 않으면 내성을 가진 세균은 계속 번식해서 다음 세대에 항생제 내성을 퍼뜨릴 것이다. 사람들이 꼭 필요한 때에 올바르게 항생제를 복용해야만, 인체가 항생제를 정말 필요로 할 때 제대로 효과를 볼 가능성이 높다.

미국에서 사용되는 항생제 가운데 약 80%가 가축에게 투여된다. 이런 항생제는 가축의 성장을 촉진하는 효과가 있다. 1950년대부터 목축업자와 농부들은 건강한 소나 돼지, 칠면조, 닭, 양식장 물고기에게 항생제를 투여해 빨리 그리고 크게 자라도록 해왔다. 가축의 몸집이 커지면 한 마리당 더 많은 고기를 얻을 수 있어 수익이 늘기 때문이다. 대부분의 식용 가축은 살면서 어느 순간은 항생제를 투여받는다. 이런 항생제는 사람들이 복용하는 것과 같거나 아주 비슷한 경우가 많다. 하지만 대부분 수의사의 처방 없이 구입한 것이다.

가축 몸속의 세균은 사람 몸속의 세균과 같은 방식으로 항생제에 내성을 키운다. 가축 몸속의 항생제 내성 세균은 여러 가지 방식으로 사람의 몸에 도달한다. 농장 일꾼을 비롯해 일상적으로 가축과 접촉하는 사람들은 감염된 동물 옆에서 일하다가 자기도 모르는 사이에 항생제 내성 세균에 옮을 수 있다. 이들이 재채기나 기침을 하고 다른 사람을 만지면서 세균을 퍼뜨린다. 감염된 동물에서 얻은 고기 역시 항생제 내성이 있는 세균을 지니고 있다. 만약 음식을 만드는 사람이 날고기를 제대로 다루지 못하거나 완전히 익히지 않으면 항생제 내성을 가진 세균에 감염될 수 있다. 음식을 완전히 익혀 조리하면 세균은 파괴된다.

가축의 배설물에도 항생제 내성 세균이 들어 있어서 세균이 전파되는 또 다른 원천이 된다. 농장이나 축사의 가축 배설물은 근처 우물이나 강에 흘러든다. 농부들은 작물을 씻으면서 항생제 내성 세균에 오염된 물을 자기도 모르게 사용한다. 그러면 항생제 내성을 갖는 세균은 채소나 과일을 수확하는 사람에게 전파되거나, 생채소와 과일을 껍질째 먹는 사람에게 전파된다.

## 최악의 슈퍼버그 5종

항생제 오남용은 무서운 슈퍼버그를 만들어 내는 직접적인 원인

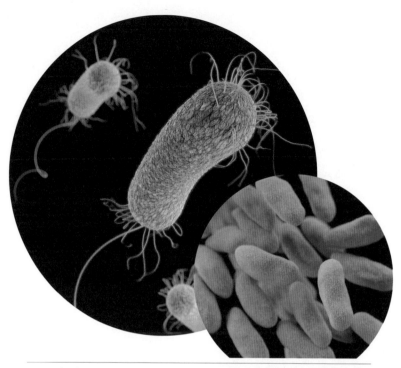

컴퓨터로 합성한 녹농균의 이미지(위쪽)와 전자 현미경 사진을 바탕으로 컴퓨터로 합성한 카바페넴 내성 장내 세균 이미지.

이다. 슈퍼버그에 감염되면 환자의 사망 위험이 2~3배로 높아진다. 2017년 WHO는 사람들의 건강을 가장 크게 위협하는 12종류의 세균성 병원균을 최초로 발표했다. 이 세균들은 전부 여러 항생제에 내성을 가지고 있다. WHO는 이런 슈퍼버그에 대항하려면 새로운 항생제를 빨리 개발해야 한다고 강조했다. 위험한 세균으로 지목된 1~5위의 슈퍼버그는 다음과 같다.

· **아시네토박터균** 폐와 혈액, 뇌, 요로에 심각한 감염을 일으
킨다. 또한 전쟁터에서 일어난 폭발로 부상을 입은 군인에게
도 광범위하게 감염된다.

· **녹농균** 심장, 뇌, 폐를 포함해 인체의 거의 모든 부위에 심각
한 감염을 일으킨다. 혈액 속으로 들어가 순환하며 심한 중
독 증상이나 급성 염증을 일으키는 패혈증으로 이어져 사망
에 이르게 한다.

· **장내 세균속 균종** '카바페넴 내성 장내 세균'으로도 불린다.
폐렴, 요로 감염, 위장관 감염, 패혈증을 일으키는 대장균과
클렙시엘라균을 포함하는 대규모 세균 집단이다.

· **엔테로코커스 패시움** 원래 동물이나 사람의 위장관에 사는
세균이다. 패혈증과 수술 상처 감염증, 요로 감염을 일으키
며 심장까지 감염시킬 수 있다.

· **황색 포도상구균** 콧속과 피부에 사는 세균으로, 건강한 사
람들 가운데 20~30%가 이 세균을 지니고 있다. 이 세균은
종기와 물집 같은 흔한 피부 감염증을 일으키지만, 좀 더 심
각한 증상을 불러오기도 한다. 황색 포도상구균 가운데 가
장 위험한 변종은 '메티실린 내성 황색 포도상구균'으로,
'MRSA<sup>methicillin-resistant Staphylococcus aureus</sup>'라고도 부른다. 황색 포도
상구균의 치료에 쓰이던 메티실린<sup>methicillin</sup>이라는 항생제에 내
성을 보이는 세균이지만, 다른 항생제에도 내성을 보인다.

## 슈퍼버그의 끝판왕, MRSA

아홉 살의 브룩 웨이드는 캠핑장에서 스케이트보드를 타다가 넘어져 다리에 큰 상처를 입었다. 그리고 며칠이 지나 뼈에 심각한 감염이 생겨 소아과 중환자실에 입원해 다섯 가지 항생제를 투여받았다.

수영과 달리기를 좋아하던 열한 살의 애디 레레시치는 어느 날 엉덩이의 통증을 호소했다. 의사들은 애디가 고열이 있는데도 응급실에서 집으로 돌려보냈다. 이틀 뒤 애디는 병원에 다시 입원해 5개월 동안 폐, 근육, 혈액에 침입한 세균이 일으킨 감염증을 치료받아야 했다.

축구와 오토바이 경주를 좋아했던 열두 살의 카를로스 돈은 4일짜리 캠프에 참가했다. 집에 올 때쯤 카를로스는 열이 났고 다음 날에는 기침과 함께 호흡 곤란 증세를 보였다. 결국 카를로스는 몸 전체의 감염에 따른 폐 손상으로 호흡 보조 장치의 도움을 받아야 했다. 카를로스는 폐, 심장, 신장의 기능이 망가졌고 끝내 목숨을 잃었다.

이 아이들은 전부 MRSA 감염증을 겪었다. 메티실린은 한때 대부분의 황색 포도상구균 감염증에 효과가 있는 항생제였다. 하지만 메티실린을 비롯해 다른 강력한 항생제가 MRSA에 더 이상 큰 효과를 보이지 않게 됨으로써 인체의 여러 부위에 심각한 감염증을 일으키며 목숨까지 위협받는다. 세계에서 MRSA 감염증

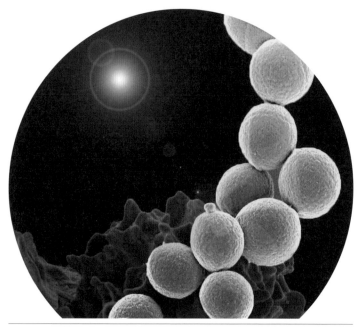

미국 국립알레르기 · 전염병연구소에서 촬영한 현미경 사진으로, 노란색의 MRSA 세균을 파란색으로 염색된 백혈구 세포가 먹어 치우고 있다.

이 가장 흔한 나라 가운데 하나인 미국에서는 매년 9만 건의 감염이 발생하고 2만 명이 사망한다. 미국은 2020년까지 MRSA 감염을 50%로 줄인다는 목표를 세웠다.

    MRSA는 피부의 상처나 종기에서 시작해 점차 빨갛게 부어오르고 통증을 유발하는 경우가 많다. 크기가 커져서 고름이 나오기도 한다. 이와는 달리 앞의 애디와 카를로스 같은 사례에서는 피부에 그렇게 눈에 띄는 상처는 없었다. 사람들은 상처를 통해 MRSA에 감염되거나, 감염된 사람이 쓴 수건이나 면도기 같은 용품을 사용하다가 감염되기에 이른다. 사람들이 북적이고 피부가 서로 맞닿는 데다 물건도 함께 쓰면서 활동할 때 MRSA에 감염될 위험이 커진다. 특히 운동선수, 학생, 교도소 수감자, 군인들은 더 취약하다.

그렇다면 우리는 어떻게 해야 할까? 개인용품을 함께 쓰지 말고, 비누로 자주 손을 씻으며, 피부에 염증이 생겼을 때 멸균 소독 처리된 붕대로 감으면 MRSA에 감염될 위험이 낮아진다. 또 상처를 제대로 관리하는 방법에 대한 의사들의 조언을 따르고, 원인을 알 수 없는 열이나 근육과 뼈의 통증, 호흡 곤란이 생기면 반드시 병원을 찾아야 한다.


## 앞으로 해야 할 일은?

과학자, 연구자, 공중 보건 담당자들은 슈퍼버그의 확산을 막을 계획을 세우고 있다. 2016년 항생제 내성에 관한 미국의 한 학술지에 실린 연구 보고서에서는 전 세계적으로 사람과 가축에게 쓰는 항생제를 줄이기 위한 대규모 캠페인이 필요하다고 주장한다. WHO는 사람과 가축에게 항생제를 좀 더 잘 투여하고 효과적인 새 항생제를 개발하는 데 집중하고 있다. 그 결과 사람과 가축 모두를 위한 몇 가지 제안을 내놓았다.

무엇보다 의사는 항생제 처방에 더욱 신중해야 한다. 2015년 항생제 관리에 대한 미국 백악관 포럼에서는 2020년까지 개인 의원의 부적절한 항생제 처방을 50% 줄이고 병원에서는 20%까지 줄인다는 목표를 세웠다. 그리고 병원과 외과 센터, 양로원에서는 감염증을 효과적으로 통제해 환자들에게 항생제가 필요한 경우를 줄이도록 한다.

몇몇 전문가들은 감염병 전문 의사만 항생제를 처방할 수 있도록 병원에서 정책을 바꿔야 한다고 주장한다. 또한 의사는 환자의 상태에 따라 가장 적절한 항생제를 선택하도록 도와주는 앱을 사용할 수도 있다. 이 앱은 항생제 내성 세균에 대한 최신 정보를 제공한다. 미국 펜실베이니아대학교 의과대학 항생제 관리 책임자인 키스 해밀턴Keith Hamilton은 이렇게 말한다. "환자를 직접 대하는 임상의가 항생제 내성이 발생하는 흐름과 형태를 이해하고 예견하면 환자의 감염증을 치료하는 약을 적절히 선택할 수 있습니다. 또한 이런 생명을 구하는 약을 좀 더 폭넓게 추천할 수 있는, 실행 가능한 실제 데이터를 보건 시스템에 제공할 수도 있죠."

항생제가 정말 필요한 경우에는 의사, 약사, 간호사가 환자에게 약을 제대로 복용하는 방법을 알려 주어야 한다. 공중 보건 시설에는 환자들이 퇴원을 한 뒤에도 처방받은 대로 항생제를 복용하도록 알려 주는 간호사가 있어야 한다.

또한 과학자들은 병원균을 더 빨리 식별하는 검사법을 개발해 병에 걸렸을 때 즉시 치료할 수 있도록 애쓰고 있다. 2017년에 미국 정부는 병원균을 식별하는 혁신적이고 신속한 검사를 가능하게 할 10개의 후보를 발표했다. 이 검사법들은 특히 항생제 내성 세균과 싸우는 것을 목표로 한다.

전문가들은 반드시 수의사의 관리 감독하에 병든 가축에게만 항생제를 투여해야 하며, 가축의 성장 촉진을 위해 항생제가 사용되어서는 안 된다고 말한다. 그리고 항생제가 필요한 상황을 줄이기 위해 가축에게 감염증에 대한 백신을 접종해야 한다.

## 항생제를 올바로 복용하려면

처방받은 항생제를 다른 사람에게 나눠 주어서도 안 되고, 몸이 조금 나아진 것 같다고 해서 제멋대로 복용을 중단해서도 안 된다. 모든 약은 보건 의료 전문가에게 안내받은 대로 복용해야 하지만, 항생제의 경우에는 특히 더 그렇다. 요즘에는 환자들이 그런 원칙을 지키도록 도와줄 새로운 기술이 개발되었다. 스마트폰에는 약 먹을 시간을 알려 주는 앱이 있어서 항생제를 먹어야 할 시간과 약이 떨어져 다시 처방받아야 할 때를 알려 준다.

예전에는 농부와 목축업자들이 사료 가게에서 가축에게 투여할 항생제를 쉽게 구할 수 있었다. 그러다가 2017년 1월, 미국 식품의약국<sup>FDA</sup>(식품과 의약품의 안전성을 관리하고 규제하는 미국 보건복지부 산하 기관)은 사람에게 투여하는 특정 항생제를 건강한 가축에게 투여하지 못하도록 금지했다. 병든 가축에게 항생제를 투여해야 할 경우에도 반드시 수의사의 처방을 받아야 한다. 물론 이 규정이 농부와 목축업자들이 사용하는 모든 항생제에 해당하지는 않는다. 하지만 이런 규정은 항생제 내성 세균이 가축에게서 사람으로 전파되는 사례를 줄이는 데 도움이 된다.

또한 여론의 압력에 따라 몇몇 식료품점과 식당에서는 항생제를 투여하지 않은 가축으로 만든 식품만 판매하고 있다. 예컨대 2016년 각종 상품과 서비스를 평가하는 미국의 비영리 단체인 소비자협회에서 발행하는 잡지 〈컨슈머 리포트<sup>Consumer Reports</sup>〉는 모든 종류의 고기 요리에 항생제를 투여한 고기를 쓰지 않는 식당에 A 등급을 주었다. 맥도날드, 버거킹, KFC 같은 패스트푸드점에서도 항생제를 투여하지 않은 닭고기를 제공하는 방향으로 나아가고 있다.

FDA는 1980년대에는 29종류의 새 항생제를 승인했지만, 1990년대에는 23종류를, 2000년대에는 고작 9종류를 승인하는 데 그쳤다. 이런 항생제의 대부분이 이미 존재하는 의약품을 변형한 것이다. 항생제 내성 세균의 위협은 계속해서 커지고 있지

# 임상 시험

임상 시험은 개발 중인 약이나 진단 및 치료 방법 따위의 효과와 안전성을 알아보기 위하여 사람을 대상으로 하는 시험이다. 보통 의사나 박사 학위가 있는 과학자들이 연구를 이끄는 책임자가 된다. 의사, 간호사, 사회복지사, 기타 의료 보건 전문가들로 구성된 팀이 연구를 실시한다. 새로 개발된 약이나 백신은 실제 환자들에게 사용되기 전에 가장 엄격한 유형의 연구인 임상 시험을 통과해야 한다. 임상 시험은 다음과 같은 4단계를 거친다.

임상 1단계에서는 약의 체내 흡수, 분포, 대사, 배설 등에 대한 자료를 수집하면서 안전성을 알아보기 위해 소수의 건강한 지원자에게 약을 투여한다. 임상 2단계에서는 적정 용량과 용법을 평가한다. 실제로 치료 대상인 질병을 가진 사람들에게 약을 투여한다. 이때 연구 팀은 그 약이 안전하게 해당 증상을 효과적으로 완화하는지 조사한다. 임상 3단계에서는 여러 병원에서 수천 명의 환자들에게 약을 투여한다. 약이 효과가 있는지 확인하고 부작용을 점검하며, 시중에 나와 있는 다른 약과 효능을 비교한다. 이 단계까지 통과한 약은 승인을 받아 제품으로 나온다. 마지막으로 임상 4단계는 신약이 승인된 뒤에 이루어진다. 여러 해에 걸쳐 수천 명이 약을 투여받는 과정에서 연구자들은 장기적인 부작용이 없는지 살피고, 약을 사용하는 최선의 방법이 무엇인지 알아낸다.

만, 새로운 항생제의 개발은 진척되지 않고 있다. 오늘날 사용되는 항생제는 30년도 더 전에 발견된 것에 기초한다.

2017년 9월 WHO에서 발표한 항생제 관련 주요 보고서에 따르면 51종류의 항생제가 임상 시험을 거치고 있으며, 그 가운데 14%만 최종적으로 승인될 예정이었다. 임상 시험 중인 약제는 대부분 이미 존재하는 항생제를 변형한 것들이었다. 그래서 그 항생제들은 다중의 내성을 보이는 세균에 대한 단기적인 처방에 불과했고, 모든 항생제에 내성을 가진 병원균이 점차 늘어나는 상황을 통제하지도 못했다.

새로운 약을 개발하는 것은 시간과 돈이 엄청나게 많이 드는 일인데, 항생제 개발 과정은 특히 더 복잡하다. 수천만 달러를 들여 여러 해 동안 연구해도, 사람을 대상으로 임상 시험에 들어간 항생제 중 최종적으로 사용이 승인되는 것은 5종 가운데 1종도 채 되지 않는다. 대규모 임상 시험은 기대를 모은 약에서 용납할 수 없는 부작용을 발견하게 해 주거나, 그 약이 바라던 만큼 효과가 없다는 사실을 드러나게 한다. 그러면 제약 회사들이 항생제 대신 고혈압이나 당뇨병 같은 만성 질환 치료제를 새로 개발하는 데 돈이나 인력을 들일지도 모른다. 항생제를 복용하는 환자들이 보통 며칠만 약을 먹는 데 비해 이런 만성 질환자들은 여러 해 동안 약을 복용한다. 그래서 항생제를 한 번 투여하는 데 드는 비용이 고혈압 약에 비해 더 비싸더라도, 결론적으로는 만

# 청결 유지하기

감염증을 예방하는 최고의 방법은 주기적으로 비누와 따뜻한 물로 손을 씻는 것이다. 평범한 비누 한 조각이 세균과 싸우는 가장 훌륭한 무기인 셈이다. 99.9%의 세균을 죽인다고 광고하는 비싼 항균 비누는 필요 없다. 오히려 꽤 많은 항균 비누가 항생제 내성을 일으킬지도 모르는 성분을 담고 있다. 그러니 보통 비누를 사용해 다음과 같은 방식으로 손을 씻는 게 좋다.

· 음식을 준비하거나 먹기 전에 손을 씻는다.

· 손 씻는 시간은 최소 15초 이상이어야 한다. 생일 축하 노래를 두 번 부를 정도의 시간이다. 손바닥과 손등, 손목, 손가락 사이를 잘 문질러 씻자. 손톱 밑도 잊지 말고 씻어야 한다.

· 가까이에 손 씻을 곳이 없다면 60% 이상의 알코올이 든 세정제를 사용하는 게 좋다.

· 연구 결과에 따르면 꽤 많은 사람들이 공중화장실을 사용하고 나서 손을 제대로 씻지 않는다. 공중화장실을 이용한 뒤에는 다른 사람들 손에 묻었던 세균이 옮지 않도록 반드시 손을 씻도록 한다. 어린아이의 대소변을 처리한 뒤에도 꼭 손을 씻는다. 그리고 화장실을 나올 때는 문을 열어 놓자.

성 질환 약은 오랫동안 복용하기 때문에 제약 회사에 더 큰 수익을 안긴다.

2017년 6월, 미국 러트거스대학교와 이탈리아 생명공학 기업 나이콘스의 연구진이 흙 속에서 새로운 항생 물질을 발견했다. 슈도우리디마이신$^{PUM}$이라 이름 붙여진 이 실험적인 항생 물질은 생쥐 대상 실험에서 20종류의 세균을 죽였다. 이 항생 물질은 세균성 감염에 효과적인데, 그중에는 현재 대부분의 항생제에 잘 듣지 않거나 모든 항생제에 내성을 보이는 세균으로 인한 감염증도 포함된다. 연구진은 이 발견이 토양에서 얻은 미생물, 다시 말하면 자연에서 유래한 성분이 새로운 항생제의 가장 좋은 원천이라는 사실을 보여 준다고 말했다.

## 이 질병이 다음번 팬데믹이 될까?

항생제에 내성을 갖는 세균이 일으키는 병이 다음번 팬데믹이 될까? 그럴 가능성이 있다. 세균은 끊임없이 돌연변이를 일으키는 과정에서 항생제에 내성을 갖게 된다. 과학자들은 끊임없이 새로운 세균 종을 발견하고 있다. 만약 이런 세균이 사람 사이에 쉽게 전파된다면, 전 세계를 휩쓸며 유행할지도 모른다.

# 7 장

# 유행성 독감

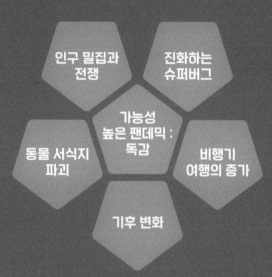

팬데믹이 세상의 종말을 불러오는 스릴러물에서 주인공 악당은 우리가 일상적으로 접하는 독감일지도 모른다. 이 병은 수백만 명을 죽음에 이르게 할 힘이 있으며 재채기나 악수만으로도 감염된다.

—알리 S. 칸(Ali S. Khan), 미국 네브래스카대학교 의료센터 공중 보건의, 2016년

**중**국 공무원들은 흰색 작업복과 마스크를 쓴 채 대량 도살을 준비했다. 이들은 닭, 오리, 거위, 칠면조, 메추리를 붙잡아 검은색 비닐봉지에 집어넣은 다음 이산화탄소를 불어 넣었다. 기체가 다 떨어지자 공무원들은 칼을 들었다. 이렇게 150만 마리의 조류를 죽이는 데 거의 사흘이 걸렸다. 이 과정이 끝나자 승려가 죽은 새들의 영혼을 위해 7일 동안 불공을 올렸다.

이런 무시무시한 조류 대학살은 공중 보건을 위해 불가피한 일이었다. 1997년 홍콩에 신종 독감 바이러스인 H5N1(조류 독감)이 등장했기 때문이다. 이 바이러스는 감염된 사람의 60%를 죽

1997년 홍콩의 한 농장에서 농림수산부 소속 공무원들이 닭을 한데 몰아넣고 있다. 이들은 홍콩에 조류 독감에 감염된 닭이 없도록 이산화탄소를 사용해 닭들을 전부 도살했다.

음에 이르게 할 정도로 치명적이었다.

신종 독감이 최초로 알려진 사례는 세 살짜리 남자아이였다. 1997년 5월 이 아이가 아프기 시작했을 때 의사들은 부모에게 걱정할 것 없다고 말했다. 하지만 며칠이 지나 아이는 고열과 폐렴 증상으로 다시 병원을 찾았다. 그리고 1주일 뒤에 숨을 거뒀다. 의사들은 아이의 혈액과 조직 표본을 미국 애틀랜타에 있는 질병통제예방센터 본부에 보냈다. 질병통제예방센터는 이 아이가 지금껏 사람을 감염시키지 않는다고 알려진 조류 독감 바이러스에 감염되어 사망했다는 사실을 알아냈다.

아이의 유치원 선생님은 아이가 유치원에서 기르던 병아리, 오리 새끼와 놀았다는 것을 기억했다. 병아리와 오리 새끼들은 아이가 아프던 시기에 죽었다. 홍콩의 과학자들은 사람들이 많이 모이는 홍콩의 시장에 위험한 바이러스를 지닌 조류가 많이 팔리고 있다는 사실을 알아냈다. 그러자 정부는 홍콩의 모든 시장에서 식용으로 판매하는 조류를 살처분하라고 지시했다. 전 세계 독감 전문가들은 이런 대규모 도살이 팬데믹을 예방하는 데 효과가 있다고 여긴다.

전문가들은 H5N1이 지금껏 발견된 독감 바이러스 가운데 가장 치명적인 바이러스라고 판단한다. 그 뒤로 20년 동안 전 세계 이곳저곳에서 바이러스가 출몰했는데, 대부분은 아시아에서였다. WHO는 2003년에서 2016년 사이에 조류 독감이 16개국에서 856명에게 발병했고, 그 가운데 452명이 사망했다고 밝혔다. 환자가 그렇게 많이 발생한 것은 아니지만 H5N1은 치사율이 높아 에볼라 바이러스만큼이나 위험하다. 오늘날 발생한 모든 새로운 병원균 가운데서도 H5N1 같은 독감 바이러스는 바이러스학자들이 밤새워 연구하는 대상이다.

# 독감 바이러스 바로 알기

독감 바이러스는 8가닥의 RNA를 지질막이 싸고 있는 형태다. 각각의 바이러스에서 수백 종류의 항원이 나온다. 항원이란 인체의 면역계를 자극해 감염증을 물리치는 항체를 생산하도록 하는 단백질을 말한다. 독감 바이러스가 사람의 몸속에 들어오면 몸은 항체를 만들어 내고, 이 항체가 열과 몸살을 비롯해 독감에 동반되는 모든 증상을 일으킨다. 이 증상은 우리 몸이 독감 항원과 싸우고 있다는 증거다.

독감 바이러스의 항원에는 두 종류가 있는데, 각각 서로 다른 역할을 한다. '헤마글루티닌(H)'이라고 하는 첫 번째 항원은 끝이 뾰족해서 독감 바이러스가 숙주 세포의 특정 장소에 붙도록 한다. 예컨대 사람의 호흡 기관(기도, 코, 목구멍, 폐)이 그런 장소다. 일단 바이러스가 폐 속의 세포에 들러붙는 데 성공하면 더 많은 헤마글루티닌 돌기가 나와 마치 갈고리처럼 세포를 꽉 붙잡는다. 그러면 결국 바이러스는 숙주 세포에 들어가 자기 RNA를 방출한다. 다른 모든 바이러스들과 마찬가지로, 이 RNA의 유전 물질은 숙주 세포의 복제 시스템에 들어가 수많은 후손을 만들어 내게 한다.

두 번째 항원은 '뉴라미니다아제(N)'라고 불리며 세포들 사이에 감염이 퍼지도록 돕는 역할을 맡는다. 뉴라미니다아제는 끝이 뭉툭해서 효소를 운반한다. 이 효소들은 숙주 세포 표면에서 세포를 보호하는 화학 물질을 파괴한다. 그러면 감염된 바이러스 후손들이 숙주 세포에서 빠져나와 다른 세포로 퍼진다.

독감 바이러스는 불안정해서 사람에게서 사람으로 전파되는 동안 끊임없이 돌연변이를 일으킨다. 돌연변이 과정에서는 바이러스가 살짝 변화될 뿐이지만 이런 변이가 자주 일어나서 바이러스가 신체의 면역계를 효과적으로 회피할 수 있을 정도가 된다. 변이를 일으킨 바이러스는 이전 바이러스와 비슷하지만 완전히 똑같지는 않다. 인체의 면역계는 원래 바이러스와 돌연변이를 구별하지 못하며 어떻게 싸워야 할지도 모른다.

이처럼 독감 바이러스의 작은 변이가 연속적으로 일어나 점진적으로 변화하는 현상을 '항원 소변이'라 부른다. 이 과정은 속도가 느리지만 지속적이며 계절성 독감과 소규모 유행병의 원인이 된다. 항원 소변이가 존재한다는 것은 과학자들이 매년 독감 백신을 새로 준비해야 한다는 뜻이다. 그래야만 전문가들이 예견하는 새로운 독감 변종을 목표물로 삼아 공격할 수 있다.

그뿐만 아니라 몇 년마다 한 번씩 큰 돌연변이가 일어난다. 이런 돌연변이는 바이러스의 헤마글루티닌이나 뉴라미니다아제, 또는 둘 다를 변화시킨다. 이것을 '항원 대변이'라고 부르며, 두 개의 서로 다른 독감 바이러스가 사람과 돼지에 동시에 감염될 때 일어난다. 이때 바이러스의 유전 물질은 재편성된다. 즉 유전 물질이 바뀌고 재배열되면서 새로운 변종 바이러스가 만들어지는 것이다. 이런 일이 벌어질 때 대부분의 사람들은 면역 체계가 제대로 작동하지 않아 바이러스의 공격으로부터 보호받지 못하는데, 그 이유는 면역계가 새로운 바이러스를 인식하지 못해 맞서 싸울 수 없기 때문이다. 이런 상황에서는 기존의 백신으로도 효과를 볼 확률이 낮다.

## 세포를 감염시키는 독감 바이러스

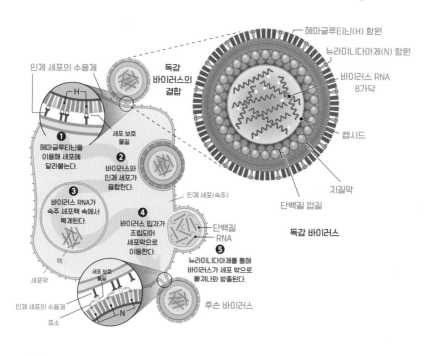

## 독감 바이러스의 ABC

과학자들은 인간을 감염시키는 독감을 세 가지 유형으로 분류했다. A형, B형, C형이 그것이다. A형은 가장 흔하고 가장 심각한 유형이다. 이것은 사람과 조류를 비롯해 돼지, 고양이, 말, 해양 포유류 같은 다양한 동물들을 감염시킨다. B형은 인간만 감염시키며 A형보다 증상이 가볍다. C형은 사람과 돼지를 감염시키며 증상은 무척 가볍다. C형 독감의 증상은 감기와 비슷한 정도다. A형 독감은 바이러스의 헤마글루티닌과 뉴라미니다아제 항원에 따라 여러 유형으로 다시 나뉜다. 헤마글루티닌은 18개의 유형이 있고, 뉴라미니다아제는 11개의 유형이 있다. 이런 하위 유형에 따라 각각의 독감 바이러스의 이름이 정해진다. 예를 들어 H3N2는 2017~2018년 독감이 유행하던 시기에 우세하던 독감의 변종이다. 한편 B형 독감과 C형 독감은 항원에 의해 하위 유형으로 나뉘지 않는다.

　매년 WHO는 앞으로 닥칠 독감 유행 시기에 어떤 바이러스가 돌지 독감 바이러스 연구자들과 논의한다. 그런 다음 어떤 바이러스를 독감 백신에 포함시킬지 제안한다. 각각의 독감 백신은 두 가지 유형의 A형 독감 바이러스와 한두 가지 유형의 B형 독감 바이러스를 예방하도록 만들어졌다. 2017~2018년 독감 유행 시기의 백신은 H3N2, H1N1, 그리고 B형 바이러스를 대상으로 만들어졌다. C형 독감은 다른 독감처럼 증상이 심각하지 않기 때문

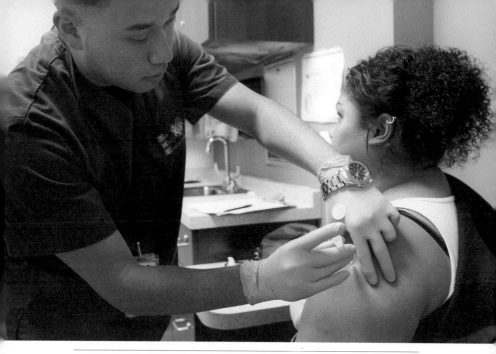

미국 로스엔젤레스에서 한 환자가 독감 백신을 맞고 있다. 독감 백신은 그 안에 포함된 바이러스의 감염에 맞서 싸우는 과정에서 인체가 항체를 생산하도록 도와준다. 독감 백신을 맞고 약 2주가 지나면 그 백신의 표적이 된 바이러스를 방어할 수 있다.

에 따로 백신을 생산하지는 않는다. 미국에서는 사설 제약 회사들이 이렇게 선별된 백신을 제조한다. 하지만 독감 백신은 다른 여러 백신에 비해 효과가 떨어지는데, 그 이유는 독감 바이러스의 항원 소변이 때문이다. 특정 연도에 사람들이 백신을 구할 때쯤이면 유행하는 독감 바이러스가 WHO나 다른 전문가들이 예견한 바이러스에서 살짝 변이가 생긴 경우가 많다.

연구자들은 독감의 모든 변종에 효과가 있는 보편적인 독감 백신을 개발하려고 노력하는 중이다. 미국 미네소타대학교 감염병연구정책센터 소장 마이클 오스터홈Michael Osterholm은 세계적인 재앙을 가져올 독감의 팬데믹을 제한하고 예방하기 위해 해야 할 가장 중대한 일은 획기적인 독감 백신을 개발하여 전 세계인에게 접종하는 것이라고 말한다. 오스터홈은 과학적·재정적 지원이 충분하다면 이것이 가능하다고 믿는다.

## 인류를 위협하는 조류 독감

에볼라 출혈열, 라임병, 지카열과 마찬가지로 독감은 인수 공통 감염증이다. 야생에서 이동하는 물새, 특히 오리와 거위는 독감 바이러스의 원천이자 운반체. 사람을 비롯한 다른 포유류의 몸에서는 독감 바이러스가 호흡기나 기도에 사는 데 비해, 조류의 몸속에서는 주로 위장에 산다. 독감 바이러스는 보통 야생 조류를 병들게 하지 않는데, 왜냐하면 이들 조류가 바이러스에 적응했기 때문이다. 새들이 세계 곳곳을 날아다니는 동안 바이러스가 섞인 배설물이 연못, 호수, 강, 바다에 떨어진다. 그러면 닭이나 오리 같은 가축이 오염된 물을 마시고 바이러스에 감염된다.

　20세기 들어 세 종류의 독감이 전 세계를 휩쓸었다. 1918년의 스페인 독감HINI, 1957년의 아시아 독감H2N2, 1968년의 홍콩 독감H3N2이다. 이 독감 바이러스를 유전학적으로 연구한 결과 전부 조류에게서 돼지를 거쳐 사람에게 감염되었을 것으로 추정된다. 돼지와 사람은 호흡 기관이 무척 유사하다. 돼지는 돼지 독감, 조류 독감, 인간 독감에 걸릴 수 있다. 또 다른 종에서 온 여러 바이러스가 돼지 한 마리를 동시에 감염시키기도 한다. 돼지의 몸이 독감 바이러스가 섞이는 완벽한 샐러드 그릇이 되는 셈이다. 돼지의 몸속 기관에서 조류 독감 바이러스와 돼지 독감 바이러스가 서로 유전자를 교환하고 새로운 바이러스로 변이해 인간을 감염시킬 수 있다.

하지만 과학자들은 조류 독감 바이러스가 조류에게서 인간으로 직접 전파된다고는 생각하지 않았다. 그러다가 이런 믿음에 변화를 가져온 계기가 된 것은 1997년 홍콩에서 유행한 H5N1 독감이었다. H5N1은 돼지를 아예 건너뛰고 바이러스에 감염된 조류와 접촉한 인간을 감염시켰다.

H7N9이라는 또 다른 조류 독감 바이러스도 2013년 중국에서 처음 발견된 이후 전문가들의 우려를 샀다. 2017년 10월 WHO의 발표에 따르면 실험실에서의 연구 결과 1564명이 H7N9에 감염된 것으로 확인되었고, 그 가운데 40%가 사망했다. 실제 수치는 이보다 더 높을 수도 있다. 병에 걸린 사람들 대부분은 바이러스에 감염된 가금류와 접촉한 적이 있었다. H7N9이 사람에게서 사람으로 전파된 사례는 얼마 되지 않았다.

세계적인 바이러스학자 이관Yi Guan은 H5N1, H1N1, 사스 바이러스를 연구해 왔다. 홍콩대학교 연구실에서 일하는 그는 지금

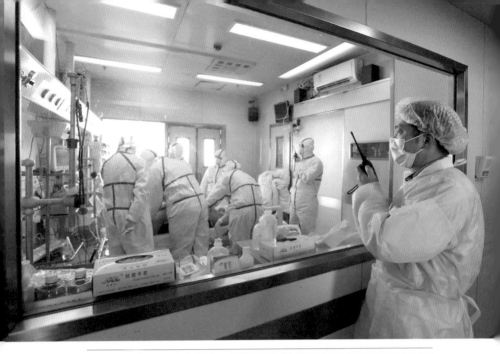

2017년 중국의 한 병원에서 의사들이 H7N9에 감염된 환자를 치료하고 있다. 2017년에 이 독감이 유행하는 동안 중국 정부는 764명이 바이러스에 감염되어 281명이 사망했다고 발표했다. 그리고 그 가운데 14건에서 환자가 최소한 한 명 이상에게 병을 옮긴 것으로 드러났다.

H7N9에 집중하고 있다. 이관은 중국 시장에서 파는 닭을 가지고 바이러스 검사를 했다. H7N9으로 사망한 사람들의 신체 조직 표본으로도 실험을 했다. 원래 이 바이러스는 감염된 닭의 목숨을 빼앗지는 않았지만 변이를 일으키면서 조류에게 치명적인 바이러스가 되었다. 이관은 바이러스가 사람에게 쉽게 감염되는 형태로 변이를 일으키는 상황을 걱정한다. "연구 결과 H7N9이 24시간 안에 우리 실험실의 닭 전부를 죽일 수 있다는 사실이 드러났습니다. 지난 20년 동안 H7N9을 연구한 결과에 비추어 볼 때, 저

는 비관적입니다. 이 바이러스가 지난 100년 동안의 그 무엇보다도 인류에게 큰 위협이 될 것이라고 생각합니다."

## 독감으로 죽을 수 있다

여러분은 독감에 걸리지 않으리라고 생각하는가? 그렇지 않다. 미국 질병통제예방센터의 추정에 따르면 2015~2016년 독감 유행 시기에 미국인 2500만 명이 독감에 걸렸다. 물론 독감에 걸린 적 있는 사람 가운데 몇몇은 "걱정할 것 없어. 그냥 독감일 뿐이야."라고 말한다. 하지만 그 시기에 30만 명 이상의 미국인들이 입원을 했고, 그 가운데 약 1만 2000명이 독감이나 폐렴 같은 합병증으로 사망했다. 독감으로도 사람이 죽는다.

독감의 경우 감염된 사람에게 증상이 나타나기까지 잠복기가 1~4일이다. 이 기간 동안 감염된 사람은 기침이나 재채기를 통해 독감 바이러스를 퍼뜨린다. 독감 바이러스가 들어 있는 작은 물방울이 눈에 보이지 않게 둥둥 떠다니며 몇 시간 동안 공기 중에 남는다. 그러면 공중에 떠다니는 바이러스를 뚫고 지나가는 사람들이 독감에 걸리기 쉽다. 그러는 동안 독감 바이러스는 감염된 사람의 호흡 기관에서 바쁘게 자기를 복제한다. 바이러스가 증세를 일으키는 특정 질량인 임계량에 도달하는 데는 50~60시간이 걸린다. 그때부터 감염된 사람은 몸이 몹시 아프다는 사실을 깨닫게 된다.

만약 여러분이 독감에 걸리면 39.4~40℃에 이르는 고열과 오한, 몸살, 두통, 인후염, 심한 피로감 등이 나타난다. 독감 바이러스에 대한 인체의 면역 반응이 이런 여러 증상을 일으킨다. 예를 들어 열은 바이러스를 죽이는 데 도움이 되는데, 바이러스가 체온 상승에 민감하기 때문이다. 그리고 기침과 재채기는 바이러스를 몸 밖으로 쫓아내는 데 도움을 준다. 대부분의 건강한 사람들은 10일 정도 지나면 독감에서 회복되지만 피로와 무기력감은 2주 이상 지속되기도 한다. 그리고 소수의 사람들은 폐렴과 수막염, 길랭-바레 증후군 같은 위험한 합병증을 보인다.

항생제는 세균성 감염만 치료하기 때문에 바이러스가 일으키는 독감에는 도움이 되지 않는다. 그래도 의사들은 심한 독감 증상을 완화하기 위해 항바이러스제를 처방하기도 한다. 미국 FDA는 독감을 치료하는 데 도움이 되는 항바이러스제 세 종류를 승인했다. 바로 타미플루, 리렌자, 라피밥이다. 이런 약은 환자가 빨리 복용할수록 약효를 볼 가능성이 높아진다. 항바이러스제는 바이러스의 성장 속도를 늦추거나 성장을 방해해 환자가 앓는 기간을 1~2일 정도 줄일 수 있다. 이런 약은 심한 독감 합병증을 막는 데도 도움이 된다. 하지만 독감을 완전히 치료하지는 못한다.

가장 바람직한 방법은 처음부터 독감을 예방하는 것이다. 이때 핵심 수단은 백신이다. 오스터홈은 백신으로 30~60%의 효과만 볼 수 있다고 해도 아예 예방을 하지 않는 것보다는 분명히 더 낫다고 말한다. 백신을 맞은 사람들은 나중에 독감에 걸려도 백신을 맞지 않은 사람에 비해 증상이 덜하다. 또한 백신은 독감이 폐렴 같은 합병증으로 이어져 병원 신세 질 위험을 줄여 준다. 그리고 임산부가 백신을 맞으면 태아도 보호를 받는다.

하지만 미국에서는 독감 백신을 맞는 사람이 많지 않다. 2016년에는 성인의 43%와 어린이의 59%만 백신을 맞았다. 몇몇

# 감기일까, 독감일까?

감기인지 독감인지 어떻게 알까? 다음은 각각 두 질병에서 흔히 나타나는 증상이다.

| 증상 | 감기 | 독감 |
|---|---|---|
| 증상의 시작 | 서서히 시작됨 | 급작스레 시작됨 |
| 열 | 드물거나 심하지 않음 | 흔하며 3~4일 지속될 수 있음 |
| 두통 | 드물거나 심하지 않음 | 흔하며 심할 수도 있음 |
| 몸살 | 심하지 않음 | 흔하며 심할 수도 있음 |
| 피로감과 무력감 | 심하지 않음 | 심하며 2~3주 지속될 수 있음 |
| 기침 | 심하지 않거나 중간 정도 | 흔하며 심할 수도 있음 |
| 코막힘 | 흔함 | 가끔 |
| 인후염 | 흔함 | 가끔 |

사람들은 백신 때문에 오히려 독감에 걸릴 거라는 잘못된 믿음으로 백신을 맞지 않는다. 독감은 심각한 질병이고 누가 언제 걸릴지 예측할 수 없다. 그런 상황에서 백신은 비록 완벽하지는 않아도 독감을 예방하는 최선의 수단이다.

## 이 질병이 다음번 팬데믹이 될까?

독감이 다음번 팬데믹이 될까? 많은 전문가들이 그렇게 될 것이라 믿는다. 공기 중에 퍼져 사람과 사람 사이에 쉽게 전파되는 바이러스가 독감을 일으키기 때문이다. 독감은 팬데믹이 되기에 가장 걸맞은 후보다. 그렇다면 돼지 독감 H1N1이 팬데믹이 될까? 변이를 일으켜 사람들에게 쉽게 감염하는 H5N1이나 H7N9 같은 조류 독감이 그 후보일까? 미국 질병통제예방센터에 따르면 팬데믹을 일으킬 가능성이 가장 높은 것은 H7N9이다. 이 바이러스가 항원 대변이를 일으켜 사람들 사이에서 쉽게 전파된다면 팬데믹을 일으킬 수 있다.

이런 팬데믹이 언제 우리에게 닥칠지 확실히 알 수는 없지만 대부분의 전문가들은 머지않아, 적어도 10~20년 안에 그렇게 될 것이라고 믿는다. 2017년 오스터홈은 다음과 같이 예측했다. "독감의 팬데믹은 슬로 모션으로 펼쳐지는 쓰나미처럼 6개월에서 18개월까지 지속되며 재앙을 일으킬 것입니다."

# 어떻게 해야 독감을 예방할까?

독감 바이러스의 전파를 막기 위한 다음과 같은 기본적인 예방책이
있다.

· 1년에 한 번 독감 백신을 접종받는다. 미국 질병통제예방센터의 권
  고 사항에 따르면 생후 6개월 이상의 거의 모든 인구가 독감 백신
  을 맞는 것이 좋다. 백신을 맞으면 독감을 예방하는 데 도움이 되
  며, 독감에 걸려도 증상이 약하다.

· 독감으로 앓는 사람이 있다면 가까이 가지 않는다. 본인에게 증세
  가 있다면 집에 머물러야 한다.

· 기침이나 재채기가 나면 반드시 무언가로 가려야 한다. 공기 중에
  바로 하면 안 된다. 휴지가 없다면 팔꿈치를 구부려 옷소매에 입을
  대고 기침이나 재채기를 해야 한다.

· 독감이 유행할 때에는 특별히 손을 자주 씻는다.

· 씻지 않은 손으로 눈, 코, 입을 만지지 않는다. 독감 환자의 대부분
  이 접촉을 통해 감염된다.

· 음식을 다른 사람과 나눠 먹거나 컵과 그릇을 함께 쓰지 않는다.

· 음식과 물을 적절히 섭취하고, 적당히 운동을 하며, 잠을 충분히 자
  야 한다. 그러면 질병에 대한 저항력을 키우는 데도 도움이 된다.

# 8장

# 팬데믹,
# 어떻게 예방할까?

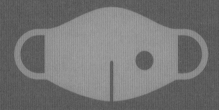

감염병의 발병은 우리가 도저히 막을 수 없는 일이다. 바이러스는 계속해서 동물에게서 인간으로 풀쩍 뛰어올라 인간 집단 속으로 퍼질 것이다. 하지만 우리는 감염병이 팬데믹으로 번지지 않도록 막을 수 있다.

-애니 스패로(Annie Sparrow), 미국 마운트시나이병원 소아과 의사, 공중 보건 전문가, 2016년

**팬**데믹 발생 위험을 높이는 사람들의 활동은 가까운 미래에
도 크게 바뀌지 않을 것이다. 예컨대 사람들은 지금보다
여행을 더 가면 더 갔지, 덜 가지는 않을 것이다. 지구 온난화 역
시 계속될 것이다. 사람들은 계속해서 숲과 정글을 없애 동물들
의 서식지를 파괴하고 새로운 인수 공통 감염증을 퍼뜨릴 것이
다. 그리고 인구는 계속 늘어 거대 도시는 사람들로 더욱 북적댈
것이다. 전쟁은 사라지지 않을 테고, 난민 캠프도 계속 필요할 것
이다. 슈퍼버그와 그것들이 일으키는 질병이 여전히 득세할 테
고, 새로운 약을 개발하며 사람과 동물에게 항생제를 좀 더 적절

히 사용하도록 관리하고 교육할 필요성도 커질 것이다.

## 지켜보고, 대응하고, 투자하기

이렇듯 여러 문제가 우리를 압도할 만큼 심각해 보이지만, 우리
는 위험한 팬데믹과 맞서 싸우고 그것을 통제할 수단을 지니고
있다. 하지만 그러기 위해 우리는 각오를 다져야 하고 금전적인
지원도 아끼지 않아야 한다. 애니 스패로는 팬데믹을 예방하기
위한 방책 가운데 질병 관리 감독, 집단 발병에 대한 발빠른 대
응, 전 세계적으로 보건 의료가 가장 취약한 지역에 투자하기 등
이 포함된다고 말한다.

　　질병 관리 감독이란 감염병을 예방하고 통제하는 데 도움이
될 만한 정보를 수집하고 분석하는 것이다. 예를 들어 미국 질병
통제예방센터는 미국 국민의 건강을 추적하고 관리하기 위해 다
음과 같은 몇 가지 중요한 감독 체계를 지속하고 있다.

- 전 국민의 출생, 사망, 결혼, 영아 사망에 대한 통계를 수집하
  고 공유한다.
- 결핵, 에이즈, 독감, MRSA처럼 병원에서 일어나는 감염증,
  음식이나 물을 매개로 하는 질병에 대한 지식을 얻는다.
- 국제 질병 탐지 프로그램을 통해 전 세계 여러 나라들이 보

미국 질병통제예방센터의 한 직원이 미국령 버진 제도의 세인트크로이섬에서 모기를 채집해 치쿤구니야열 검사를 하고 있다. 질병통제예방센터는 카리브해 지역에서 최초로 지역 전염이 발생한 2013년부터 치쿤구니야열의 전파를 추적하고 있다.

건상의 위협을 관리하고 탐지하며, 보고하고 대응할 수 있도록 돕는다.

• 보건에 영향을 끼치는 개개인의 행동에 대한 데이터를 만들고, 예방 가능한 질병을 관리한다.

• 공기, 토양, 물의 상태가 보건에 위협을 주는지 살핀다.

질병 관리 감독은 공중 보건에 위협을 줄 잠재적인 요소를 탐지하는 조기 경보 체계다. 하지만 이런 추적 기관에 인력과 재정이 충분하지 않을 때도 있다. 예를 들어 WHO는 에볼라 출혈열의 유행을 국제적으로 우려되는 공중 보건 긴급 상황(어떤 질병에 대해 국제적인 협력 대응이 필요한 상황)으로 선언하는 데 늑장을 부렸다. WHO가 비상 상황을 처리할 인력을 충분히 확보하지 못한 것도 그 이유 중 하나다. 2015년 미국의 시사 주간지 〈뉴스위크〉는 "WHO의 리더십과 책임감의 부재가 합쳐져서 느린 대응을 낳았고, 그 때문에 에볼라 출혈열 환자들이 '불필요한 고통과 죽음'을 겪었다."라고 보도했다.

질병에 빠르게 대응하기 위해서는 전 세계 병원과 약국에 의약품과 백신을 필요할 때마다 갖춰 두어야 한다. 전염병학자, 의사, 간호사, 의료 보조인, 실험실 직원, 기술 전문가들로 구성된 팀이 전 세계 어디서든 감염병으로 고생하는 사람들을 위해 즉각 일할 준비가 되어 있어야 한다. 하지만 실제로는 인력과 재정이 부족하기 때문에 질병에 대한 대응이 느린 경우가 무척 많다. 심지어 도로 사정이 나쁘거나 해당 지역에 전쟁이 벌어져 발병 장소에 접근할 수 없는 일도 벌어진다.

공중 보건에 투자하려면 백신을 개발하고 유통시켜 영아 사망률을 낮추고, 사람들에게 위생적인 생활 방식을 교육시키는 공중 보건 프로그램에 돈을 들여야 한다. 중증의 환자들을 집중 치료하는 것보다 질병을 예방하는 것이 훨씬 적은 비용이 든다.

WHO에 따르면 공공 보건에 1달러를 사용하는 대신 이런 공중 보건 프로그램에 투자하면 약 4달러를 아낄 수 있다. 회원국들은 WHO의 프로그램이 진행되도록 돈을 내고 있지만 기부액은 수십 년 동안 늘지 않고 있다. 회원국의 기부액은 WHO를 운영하는 데 필요한 비용의 25%밖에 되지 않는다. 나머지 75%는 부유한 개인이나 자선 단체, 기꺼이 더 많은 액수를 기부하는 국가들이 부담한다. 예를 들어 빌 앤드 멀린다 게이츠 재단(마이크로소프트 공동 창립자인 빌 게이츠<sup>Bill Gates</sup>와 그의 아내 멀린다 게이츠<sup>Melinda Gates</sup>가 설립한 기부 재단)은 그동안 미국을 포함한 전 세계 어느 정부나 단체보다도 많은 액수의 돈을 WHO에 기부했다.

　　과학자들 역시 의사소통을 더 잘할 수 있는 방법을 찾고 있다. 국제전염성질병협회<sup>ISID</sup>는 사람과 동물에게서 나타나는 감염병을 다룬 '프로-메드 다이제스트<sup>pro-MED digest</sup>'라는 보고서를 출판한다. 인터넷을 기반으로 한 이 보고서는 감염병에 관심이 있는 사람이라면 누구나 무료로 정보를 얻을 수 있도록 자료를 모으고, 매일 전 세계 회원들에게 보고서를 발송하여 집단 발병 소식을 공지한다. 심지어 감염병이 보고된 단 한 건의 사례에 대해서도 알려 주면서 회원들로부터 더 많은 정보를 부탁한다. 프로-메드 웹사이트는 새로 출현하거나 다시 출현하는 질병에 대해 조기 경보를 실시함으로써 공중 보건 예방 대책을 제때에 세워 감염병의 전파를 막고 수많은 생명을 구할 수 있다.

## 행동을 위한 청사진

오늘날 크고 작은 국제 단체들이 잠재적인 팬데믹을 막기 위해 애쓰고 있다. 예를 들어 2016년 8월, 빌 앤드 멀린다 게이츠 재단과 여러 국가가 협력해 세운 전염병예방혁신연합CEPI이라는 단체는 백신 개발에 초점을 맞추는 중이다. 새로운 백신을 만드는 작업은 시간과 돈이 엄청나게 많이 들지만 제약 회사에 그만큼 많은 수익을 안겨 주지는 않는다. 전 세계 제약 시장은 약 1조 달러 이상의 규모다. 하지만 팬데믹을 막을 백신 시장은 고작 전체의 3%인 300억 달러에 지나지 않는다. 이 액수는 꽤 큰 것처럼 보일 수 있지만 거대 규모의 회사에는 적은 돈이다. 그래서 경제적으로 어느 정도 보상을 받기 위해 제약 회사들은 새로운 백신을 개발하는 과정에서 돈을 지원해 줄 협력 기관과 우대 정책, 정부 지원을 찾는다. 그런 협력 기관 가운데 하나가 CEPI다. 이곳은 집단 발병의 가장 초기 단계에 안전하고 효과적이며 입수 가능한 백신을 개발하는 것을 목표로 삼는다.

CEPI의 초기 기부자들 가운데는 빌 앤드 멀린다 게이츠 재단 이외에 일본 정부와 노르웨이 정부, 영국의 자선 재단인 웰컴 트러스트가 포함된다. 독일, 인도, 유럽연합 또한 이곳에 기부할 예정이다. 하지만 미국은 기부할 계획을 발표하지 않았다. 빌 게이츠는 이렇게 말한다. "에볼라 바이러스와 지카 바이러스의 확산은 지역적인 집단 발병을 탐지해서 국제적인 팬데믹으로 번지

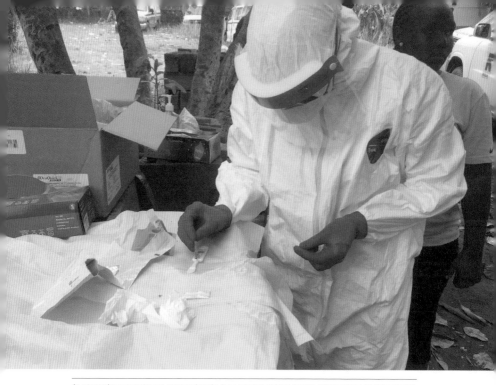

한 감염병학자가 방호복과 장갑을 착용한 채로 에볼라 출혈열 환자의 혈액 표본을 검사하고 있다. 2015년 WHO는 에볼라 바이러스는 감염증 여부를 30분 안에 진단할 수 있는 검사 키트를 승인했다. 그 전에는 혈액 표본에서 결과를 얻기까지 24시간이 걸렸다.

지 않게 재빨리 예방하는 데 전 세계가 비극적일 만큼 준비가 덜 되어 있다는 사실을 보여 줬습니다. 연구와 개발에 투자를 하지 않는다면, 우리는 다음번 위험이 다가왔을 때에도 여전히 준비되지 못한 상태일 겁니다."

CEPI는 대규모 집단 발병을 일으킬 가능성이 있는 질병들을 대상으로 삼는다. 이 단체의 목표는 병이 유행하기 전에 다음과 같은 위험성 높은 병원균에 대한 백신을 갖추는 것이다.

- 치쿤구니야 바이러스
- 코로나 바이러스
- 웨스트나일 바이러스
- 필로 바이러스 에볼라 출혈열을 비롯해 그와 비슷한 마르부르크병을 일으키는 바이러스
- 리프트밸리 바이러스 감염된 동물의 피나 기관, 또는 모기를 통해 전파되어 동물과 인간을 감염시키는 바이러스. 에볼라 바이러스와 비슷하게 출혈열을 일으킬 수 있다.

새로운 백신을 시장에 내놓아 판매하는 데는 10억 달러의 돈과 10~20년의 시간이 필요하다. 위험성이 높은 바이러스에 대해서는 실험적인 백신이 이미 개발 중이다. 이 백신이 준비되면 CEPI는 또한 다른 위험한 바이러스나 페스트균 같은 여러 병원균에 대한 새로운 백신을 연구하도록 지원할 수 있다.

## 유전자 변형, 질병을 통제할 수 있을까?

백신은 질병의 집단 발병을 통제하는 한 가지 방법이다. 그 밖에 유전자 변형을 활용하는 방법도 있다. 예를 들어 과학자들은 말라리아를 옮기는 모기를 죽이지 않고도 모기 몸속의 말라리아 기생충을 전부 죽여 없애는 방법을 실험하고 있다. 모기는 다른 동

물의 먹이 사슬에서 중요한 일부이며 식물의 꽃가루받이를 돕기 때문에, 모기를 아예 박멸하는 것은 좋은 선택이 아니다.

미국의 과학자들은 말라리아를 옮기는 모기의 유전자를 변형해 모기가 사람에게 병을 옮기기 전에 모기 몸속 말라리아 기생충이 죽어 없어지도록 했다. 모기가 1억 마리 사는 개체군에 유전자 변형 모기 100만 마리를 풀어 놓으면, 한 계절이 지나기도 전에 개체군 전체에 새로운 유전자가 퍼진다.

영국의 생명공학 기업인 옥시텍에서 일하는 과학자들 역시 모기의 유전자를 연구해 왔다. 이들의 목표는 지카 바이러스의 확산을 늦추는 것이다. 과학자들은 모기 유전자를 변형해 그 유전자를 가진 모기가 살아남으려면 '테트라사이클린'이라는 항생제가 필요하도록 만들었다. 실험실에서 이 모기들은 테트라사이클린을 투여받아야만 살아남았다. 과학자들이 이 변형 유전자를 가진 수컷 모기를 브라질의 특정 지역에 풀어 놓자, 수컷 모기들은 야생에서 암컷과 짝짓기를 해서 자손에게 그 유전자를 전달했다. 그리고 이 모기들은 성체가 되기 전에 죽었다. 이 과정에서 유전자 변형 모기를 풀어 놓은 지역의 야생 모기 개체군이 90% 넘게 감소했으며, 그에 따라 지카 바이러스의 확산도 큰 폭으로 꺾였다.

그러나 세계 이목을 집중시켰던 옥시텍은 2018년에 카리브해의 영국 자치령인 그랜드케이맨섬에서 유전자 변형 모기를 풀

한 생물학자가 뎅기열의 확산을 막기 위해 브라질에 유전자가 변형된 이집트숲모기를 풀어 놓고 있다. 과학자들은 유전자 변형 모기를 풀어 놓은 결과에 대한 데이터를 계속 수집하면 지카열과 지쿤구니야열, 황열병의 확산을 줄일 수 있다고 말한다.

어 놓으려는 계획을 갑자기 중단했다. 유전자 변형 모기 전략이 기대했던 만큼 효과를 보이지 않았기 때문인 것으로 보인다. 어 쨌든 의욕적으로 시작한 유전자 변형 모기 전략은 초라하게 끝나 버렸다. 최근에 과학자들이 모기로 인한 말라리아 확산에 대처하 기 위해 다시 연구를 시작했는데, 내용은 옥시텍의 유전자 변형 모기 전략과 크게 다르지 않다.

# 우리는 무엇을 해야 할까?

과학 저술가 데이비드 쾀멘은 다음과 같이 말한다. "우리는 새로운 인수 공통 감염증의 발병과 옛 질병의 재발이 더 커다란 패턴의 일부라는 사실을 인식해야 합니다. 인류는 그런 패턴이 생겨난 데 책임이 있습니다. 그것은 그저 우리에게 일어난 일이 아니라, 우리가 해 온 행동의 결과를 보여 준다는 사실을 알아야 합니다."

누구도 팬데믹 자체를 막을 수는 없지만, 우리 모두는 각자의 방식으로 감염병 확산을 막는 데 도움이 될 수 있다. 다음은 우리가 할 수 있는 몇 가지 방법이다.

### 건강 유지하기

여러분이 건강해서 감염이 일어나지 않으면 감염병이 사람에게서 사람으로, 나라에서 나라로 퍼질 가능성이 한 번 줄어든다.

### 제대로 백신 접종받기

백신은 특정 질병을 예방하는 데 도움을 주며, 항생제 내성이 퍼지지 않도록 억제한다. 예를 들어 백일해 백신을 맞은 사람은 백일해에 덜 걸리며, 그에 따라 병을 치료하기 위해 항생제를 쓸 확률도 낮아진다. WHO에 따르면 전 세계 모든 어린이가 중이염, 폐렴, 수막염을 일으키는 세균에 감염되지 않도록 백신을 맞으면, 매년 항생제 사용 건수가 1100만 회 줄어든다.

미국 질병통제예방센터와 미국 소아과학회는 10대 청소년들에게 매년 독감 백신과 수막염을 예방하는 두 종류의 백신을 맞도록 권고한다. 미국의 몇몇 주에서는 대학에 입학하기 전 수막염 백신을 맞도록 규정해 놓았다. 사춘기 전에 필요한 면역력을 완전히 갖추지 못한 아이들이 티댑Tdab 백신을 맞으면 파상풍, 디프테리아, 백일해를 예방할 수 있다. 그뿐만 아니라 성관계로 전파되는 인간 유두종 바이러스HPV에 대한 백신을 맞으면 이 바이러스가 일으키는 생식기의 무사마귀나 생식기 부위, 목구멍, 자궁 경부의 암을 예방하는 데 도움이 된다.

## 탄소 발자국 줄이기

바닷가의 젖은 모래 위를 걸을 때 발자국이 남는 것처럼, 우리는 살아가면서 무언가를 할 때마다 눈에 보이지 않는 탄소 발자국을 남긴다. 탄소 발자국은 여러분이 어떤 활동을 할 때 생겨나는 이산화탄소의 총량이다. 이산화탄소는 지구에 열을 가둬 덥게 하는 주된 온실 기체로, 지구 온난화와 기후 변화를 일으킨다. 교통수단이나 공장, 발전소에서 석유나 석탄 같은 화석 연료를 태우는 과정이 이산화탄소가 배출되는 가장 큰 원천이다. 그리고 지구가 더워질수록 모기나 진드기처럼 병을 옮기는 매개 동물이 더 많아진다.

우리 모두가 노력하면 스스로 만드는 탄소 발자국을 줄일 수 있다. 다음과 같이 실천하면 된다.

- 자동차를 이용하는 대신 걷거나 자전거로 이동한다.
- 되도록 대중교통을 이용한다.
- 겨울에 난방을 줄인다. 여름에는 에어컨 대신 선풍기를 이용한다. 에어컨을 사용할 때도 과도하게 냉방이 되지 않도록 온도를 높인다. 방에서 나갈 때는 반드시 전등을 끈다.
- 가전제품을 살 때 에너지 효율이 높은지 확인한다.
- 절수형 샤워기와 변기를 사용해 가정에서 물을 아낀다. 수돗물을 사용하지 않을 때는 수도꼭지를 잠근다. 마당에서 꽃이나 식물을 키운다면 물을 많이 주지 않아도 되는 것으로 심는다.
- 가까운 지역에서 생산한 식품을 먹는다. 온실 기체는 생산지에서 상점까지 식품을 운송하는 동안에도 나온다.
- 점심 도시락을 싸는 습관을 들이고, 도시락은 재활용 용기를 활용한다. 패스트푸드를 먹으면 돈도 많이 들 뿐 아니라 건강에도 좋지 않다. 게다가 패스트푸드는 포장재를 많이 쓴다. 음료는 일회용 컵이 아닌 텀블러에 담아 마신다.
- 적게 쓰고, 다시 쓰고, 재활용하자. 온실 기체의 거의 30%가 우리가 매일 사용하는 생활용품을 제조하고 운송하는 과정에서 발생한다. 예를 들어 화석 연료는 모든 종류의 플

시에라리온에서 한 여성과 아기가 모기장 속에서 잠을 자고 있다. '낫싱 벗 네트' 캠페인에 따르면 현재 사하라 이남 아프리카 지역 인구의 53%가 모기장 덕분에 모기로부터 보호를 받고 있는데, 2000년에는 고작 2%였던 것과 비교하면 많이 증가한 수치다. 모기장은 말라리아를 비롯한 모기 매개 질병들로부터 사람을 보호하는 가장 간단하고 저렴한 방법이다.

라스틱을 만드는 데 사용된다. 플라스틱 사용을 줄이고, 사용한 플라스틱은 재활용하는 것이 탄소 발자국을 줄이는 좋은 방법이다. 모든 것을 적게 사용하고 되도록 재활용하는 것은 가장 바람직한 방법이다.

### 공중 보건을 위한 자원봉사

동네에서 모기가 옮기는 병을 예방하도록 도울 수 있다. 근처에 있는 관련 기관이나 지역의 공원, 유원지 등에 연락해 모기를 비롯한 해충이 번식할 수 있는 고인 물이 있는지 살피고 제거하는 프로그램을 시작해 보자. 전문가들은 전 세계적으로 2분마다 한 명의 어린이가 말라리아로 사망한다고 추정한다. 모기장만 있어도 말라리아를 옮기는 모기로부터 한 가족을 보호할 수 있다. 유엔 재단에서 벌이고 있는 '낫싱 벗 네트Nothing but Nets' 캠페인은 아프리카 나라 사람들에게 모기장 보내기 운동이다. 친구들과 함께 빵이나 케이크를 만들어 팔거나 재활용품을 재활용 센터나 중고 매장에 팔아서 모은 돈으로 이런 운동에 참여해 보자. 또 종교 단체나 지역 공동체를 통해 다른 나라의 보건 관련 프로젝트에 자원봉사할 수도 있다. 그 전에 각종 단체의 웹사이트를 통해 개발 도상국의 공공 보건과 의료 상황에 대한 정보를 알아보고 친구들과 이야기 나누어 보자.

라이베리아에서 에볼라 바이러스 감염증에 맞서 싸웠던 의사 소카 모세Soka Moses는 이렇게 말한다. "전 세계가 안전해야만 진짜로 안전하다고 할 수 있습니다."

우리는 감염병에서 완전히 벗어날 수 없으며, 이 질병들로부터 완전히 숨을 만큼 높은 벽을 세울 수도 없다. 하지만 그래도 우리는 무언가 해야 한다. 무슨 일을 해야 할까?

**지식은 모험이다 18**

## 팬데믹 시대를 살아갈 10대, 어떻게 할까?

처음 펴낸 날      2020년 7월 15일
네 번째 펴낸 날    2021년 12월 24일

글          코니 골드스미스
옮김        김아림
감수        곽효길
추천        전국과학교사모임
펴낸이      이은수
편집        오지명
교정        송혜주
디자인      원상희
펴낸곳      오유아이(초록개구리)
출판등록    2015년 9월 24일(제300-2015-147호)
주소        서울시 종로구 비봉 2길 32, 3동 101호
전화        02-6385-9930
팩스        0303-3443-9930
인스타그램   instagram.com/greenfrog_pub

ISBN 979-11-5782-090-0 44400

ISBN 978-89-92161-61-9 (세트)

이 도서의 국립중앙도서관 출판시도서목록(CIP)은 서지정보유통지원시스템 홈페이지
(http://seoji.nl.go.kr)와 국가자료공동목록시스템(http://www.nl.go.kr/kolisnet)에서
이용하실 수 있습니다.(CIP제어번호: CIP2020027280)